贝克通识文库

李雪涛　主编

大家小书·译馆

昆虫
隐秘的世界统治者

[德] 克劳斯·霍诺米赫尔 著

王毅民 译

北京出版集团
北京出版社

著作权合同登记号：图字 01-2021-7326

INSEKTEN by Klaus Honomichl

© Verlag C.H.Beck oHG,München 2003

图书在版编目（CIP）数据

昆虫：隐秘的世界统治者 /（德）克劳斯·霍诺米
赫尔著；王毅民译 . -- 北京：北京出版社，2025.9
（大家小书 . 译馆）

ISBN 978-7-200-17336-9

Ⅰ . ①昆⋯ Ⅱ . ①克⋯ ②王⋯ Ⅲ . ①昆虫—普及读
物 Ⅳ . ①Q96-49

中国版本图书馆 CIP 数据核字（2022）第 134413 号

总 策 划：高立志 王忠波　　选题策划：王忠波
责任编辑：陈 平　　　　　　责任营销：猫 娘
责任印制：燕雨萌　　　　　　装帧设计：吉 辰

大家小书·译馆

昆虫

隐秘的世界统治者

KUNCHONG

［德］克劳斯·霍诺米赫尔 著

王毅民 译

出　　　版　北京出版集团
　　　　　　北京出版社
地　　　址　北京北三环中路 6 号
邮　　　编　100120
网　　　址　www.bph.com.cn
总 发 行　北京伦洋图书出版有限公司
印　　　刷　北京华联印刷有限公司
开　　　本　880 毫米 ×1230 毫米　1/32
印　　　张　5.25
字　　　数　100 千字
版　　　次　2025 年 9 月第 1 版
印　　　次　2025 年 9 月第 1 次印刷
书　　　号　ISBN 978-7-200-17336-9
定　　　价　49.00 元

如有印装质量问题，由本社负责调换
质量监督电话　010-58572393

接续启蒙运动的知识传统
——"贝克通识文库"中文版序

一

我们今天与知识的关系，实际上深植于17—18世纪的启蒙时代。伊曼努尔·康德（Immanuel Kant，1724—1804）于1784年为普通读者写过一篇著名的文章《对这个问题的答复：什么是启蒙？》（*Beantwortung der Frage: Was ist Aufklärung?*），解释了他之所以赋予这个时代以"启蒙"（Aufklärung）的含义：启蒙运动就是人类走出他的未成年状态。不是因为缺乏智力，而是缺乏离开别人的引导去使用智力的决心和勇气！他借用了古典拉丁文学黄金时代的诗人贺拉斯（Horatius，前65—前8）的一句话：Sapere aude！呼吁人们要敢于去认识，要有勇气运用自己的智力。[1] 启蒙运动者相信由理性发展而来的知识可

---

1 Cf. Immanuel Kant, *Beantwortung der Frage: Was ist Aufklärung?* In: *Berlinische Monatsschrift*, Bd. 4, 1784, Zwölftes Stück, S. 481–494. Hier S. 481. 中文译文另有：(1) "答复这个问题：'什么是启蒙运动?'"见康德著，何兆武译：《历史理性批判文集》，商务印书馆1990年版（2020年第11次印刷本，上面有2004年写的"再版译序"），第23—32页。(2) "回答这个问题：什么是启蒙?"见康德著，李秋零主编：《康德著作全集》（第8卷·1781年之后的论文），中国人民大学出版社2013年版，第39—46页。

以解决人类存在的基本问题，人类历史从此开启了在知识上的启蒙，并进入了现代的发展历程。

　　启蒙思想家们认为，从理性发展而来的科学和艺术的知识，可以改进人类的生活。文艺复兴以来的人文主义、新教改革、新的宇宙观以及科学的方法，也使得17世纪的思想家相信建立在理性基础之上的普遍原则，从而产生了包含自由与平等概念的世界观。以理性、推理和实验为主的方法不仅在科学和数学领域取得了令人瞩目的成就，也催生了在宇宙论、哲学和神学上运用各种逻辑归纳法和演绎法产生出的新理论。约翰·洛克（John Locke，1632—1704）奠定了现代科学认识论的基础，认为经验以及对经验的反省乃是知识进步的来源；伏尔泰（Voltaire，1694—1778）发展了自然神论，主张宗教宽容，提倡尊重人权；康德则在笛卡尔理性主义和培根的经验主义基础之上，将理性哲学区分为纯粹理性与实践理性。至18世纪后期，以德尼·狄德罗（Denis Diderot，1713—1784）、让-雅克·卢梭（Jean-Jacques Rousseau，1712—1778）等人为代表的百科全书派的哲学家，开始致力于编纂《百科全书》（Encyclopédie）——人类历史上第一部致力于科学、艺术的现代意义上的综合性百科全书，其条目并非只是"客观"地介绍各种知识，而是在介绍知识的同时，夹叙夹议，议论时政，这些特征正体现了启蒙时代的现代性思维。第一卷开始时有一幅人类知识领域的示意图，这也是第一次从现代科学意义上对所有人类知识进行分类。

　　实际上，今天的知识体系在很大程度上可以追溯到启蒙时代以实证的方式对以往理性知识的系统性整理，而其中最重要的突破包括：卡尔·冯·林奈（Carl von Linné，1707—1778）的动植物分类及命名系统、安托万·洛朗·拉瓦锡（Antoine-Laurent Lavoisier，1743—1794）的化学系统以及测量系统。[1]这些现代科学的分类方法、新发现以及度量方式对其他领域也产生了决定性的影响，并发展出一直延续到今天的各种现代方法，同时为后来的民主化和工业化打下了基础。启蒙运动在18世纪影响了哲学和社会生活的各个知识领域，在哲学、科学、政治、以现代印刷术为主的传媒、医学、伦理学、政治经济学、历史学等领域都有新的突破。如果我们看一下19世纪人类在各个方面的发展的话，知识分类、工业化、科技、医学等，也都与启蒙时代的知识建构相关。[2]

　　由于启蒙思想家们的理想是建立一个以理性为基础的社会，提出以政治自由对抗专制暴君，以信仰自由对抗宗教压迫，以天赋人权来反对君权神授，以法律面前人人平等来反对贵族的等级特权，因此他们采用各民族国家的口语而非书面的拉丁语进行沟通，形成了以现代欧洲语言为主的知识圈，并创

1　Daniel R. Headrick, *When Information Came of Age: Technologies of Knowledge in the Age of Reason and Revolution, 1700-1850.* Oxford University Press, 2000, p. 246.

2　Cf. Jürgen Osterhammel, *Die Verwandlung der Welt: Eine Geschichte des 19. Jahrhunderts.* München: Beck, 2009.

造了一个空前的多语欧洲印刷市场。[1]后来《百科全书》开始发行更便宜的版本，除了知识精英之外，普通人也能够获得。历史学家估计，在法国大革命前，就有两万多册《百科全书》在法国及欧洲其他地区流传，它们成为向大众群体进行启蒙及科学教育的媒介。[2]

从知识论上来讲，17世纪以来科学革命的结果使得新的知识体系逐渐取代了传统的亚里士多德的自然哲学以及克劳迪亚斯·盖仑（Claudius Galen，约129—200）的体液学说（Humorism），之前具有相当权威的炼金术和占星术自此失去了权威。到了18世纪，医学已经发展为相对独立的学科，并且逐渐脱离了与基督教的联系："在（当时的）三位外科医生中，就有两位是无神论者。"[3]在地图学方面，库克（James Cook，1728—1779）船长带领船员成为首批登陆澳大利亚东岸和夏威夷群岛的欧洲人，并绘制了有精确经纬度的地图，他以艾萨克·牛顿（Isaac Newton，1643—1727）的宇宙观改变了地理制图工艺及方法，使人们开始以科学而非神话来看待地理。这一时代除了用各式数学投影方法制作的精确地图外，制

---

1 Cf. Jonathan I. Israel, *Radical Enlightenment: Philosophy and the Making of Modernity 1650-1750.* Oxford University Press, 2001, p. 832.

2 Cf. Robert Darnton, *The Business of Enlightenment: A Publishing History of the Encyclopédie, 1775-1800.* Harvard University Press, 1979, p. 6.

3 Ole Peter Grell, Dr. Andrew Cunningham, *Medicine and Religion in Enlightenment Europe.* Ashgate Publishing, Ltd. , 2007, p. 111.

图学也被应用到了天文学方面。

正是借助于包括《百科全书》、公共图书馆、期刊等传播媒介，启蒙知识得到了迅速的传播，同时也塑造了现代学术的形态以及机构的建制。有意思的是，自启蒙时代出现的现代知识从开始阶段就是以多语的形态展现的：以法语为主，包括了荷兰语、英语、德语、意大利语等，它们共同构成了一个跨越国界的知识社群——文人共和国（Respublica Literaria）。

当代人对于知识的认识依然受启蒙运动的很大影响，例如多语种读者可以参与互动的维基百科（Wikipedia）就是从启蒙的理念而来："我们今天所知的《百科全书》受到18世纪欧洲启蒙运动的强烈影响。维基百科拥有这些根源，其中包括了解和记录世界所有领域的理性动力。"[1]

二

1582年耶稣会传教士利玛窦（Matteo Ricci，1552—1610）来华，标志着明末清初中国第一次规模性地译介西方信仰和科学知识的开始。利玛窦及其修会的其他传教士入华之际，正值欧洲文艺复兴如火如荼进行之时，尽管囿于当时天主教会的意

---

1 Cf. Phoebe Ayers, Charles Matthews, Ben Yates, *How Wikipedia Works: And How You Can Be a Part of It.* No Starch Press, 2008, p. 35.

识形态，但他们所处的时代与中世纪迥然不同。除了神学知识
外，他们译介了天文历算、舆地、水利、火器等原理。利玛
窦与徐光启（1562—1633）共同翻译的《几何原本》前六卷
有关平面几何的内容，使用的底本是利玛窦在罗马的德国老师
克劳（Christopher Klau/Clavius，1538—1612，由于他的德文
名字Klau是钉子的意思，故利玛窦称他为"丁先生"）编纂的
十五卷本。[1]克劳是活跃于16—17世纪的天主教耶稣会士，其
在数学、天文学等领域建树非凡，并影响了包括伽利略、笛卡
尔、莱布尼茨等科学家。曾经跟随伽利略学习过物理学的耶稣
会士邓玉函 [Johann(es) Schreck/Terrenz or Terrentius，1576—
1630] 在赴中国之前，与当时在欧洲停留的金尼阁（Nicolas
Trigault，1577—1628）一道，"收集到不下七百五十七本有关
神学的和科学技术的著作；罗马教皇自己也为今天在北京还
很著名、当年是耶稣会士图书馆的'北堂'捐助了大部分的书
籍"。[2]其后邓玉函在给伽利略的通信中还不断向其讨教精确计
算日食和月食的方法，此外还与中国学者王徵（1571—1644）
合作翻译《奇器图说》（1627），并且在医学方面也取得了相当
大的成就。邓玉函曾提出过一项规模很大的有关数学、几何

1　*Euclides Elementorum Libri XV*, Rom 1574.

2　蔡特尔著，孙静远译：《邓玉函，一位德国科学家、传教士》，载《国际汉学》，
　　2012年第1期，第38—87页，此处见第50页。

学、水力学、音乐、光学和天文学（1629）的技术翻译计划，[1]
由于他的早逝，这一宏大的计划没能得以实现。

在明末清初的一百四十年间，来华的天主教传教士有五百
人左右，他们当中有数学家、天文学家、地理学家、内外科医
生、音乐家、画家、钟表机械专家、珐琅专家、建筑专家。这
一时段由他们译成中文的书籍多达四百余种，涉及的学科有宗
教、哲学、心理学、论理学、政治、军事、法律、教育、历
史、地理、数学、天文学、测量学、力学、光学、生物学、医
学、药学、农学、工艺技术等。[2]这一阶段由耶稣会士主导的
有关信仰和科学知识的译介活动，主要涉及中世纪至文艺复兴
时期的知识，也包括文艺复兴以后重视经验科学的一些近代科
学和技术。

尽管耶稣会的传教士们在17—18世纪的时候已经向中国
的知识精英介绍了欧几里得几何学和牛顿物理学的一些基本知
识，但直到19世纪50—60年代，才在伦敦会传教士伟烈亚力
（Alexander Wylie，1815—1887）和中国数学家李善兰（1811—
1882）的共同努力下补译完成了《几何原本》的后九卷；同样
是李善兰、傅兰雅（John Fryer，1839—1928）和伟烈亚力将牛

---

1 蔡特尔著，孙静远译：《邓玉函，一位德国科学家、传教士》，载《国际汉学》，
2012年第1期，第58页。
2 张晓编著：《近代汉译西学书目提要：明末至1919》，北京大学出版社2012年版，
"导论"第6、7页。

顿的《自然哲学的数学原理》(*Philosophiae Naturalis Principia Mathematica*, 1687) 第一编共十四章译成了汉语——《奈端数理》(1858—1860)。[1] 正是在这一时期，新教传教士与中国学者密切合作开展了大规模的翻译项目，将西方大量的教科书——启蒙运动以后重新系统化、通俗化的知识——翻译成了中文。

1862年清政府采纳了时任总理衙门首席大臣奕䜣 (1833—1898) 的建议，创办了京师同文馆，这是中国近代第一所外语学校。开馆时只有英文馆，后增设了法文、俄文、德文、东文诸馆，其他课程还包括化学、物理、万国公法、医学生理等。1866年，又增设了天文、算学课程。后来清政府又仿照同文馆之例，在与外国人交往较多的上海设立上海广方言馆，广州设立广州同文馆。曾大力倡导"中学为体，西学为用"的洋务派主要代表人物张之洞 (1837—1909) 认为，作为"用"的西学有西政、西艺和西史三个方面，其中西艺包括算、绘、矿、医、声、光、化、电等自然科学技术。

根据《近代汉译西学书目提要：明末至1919》的统计，从明末到1919年的总书目为五千一百七十九种，如果将四百余种明末到清初的译书排除，那么晚清至1919年之前就有四千七百多种汉译西学著作出版。梁启超 (1873—1929) 在

---

1 1882年，李善兰将译稿交由华蘅芳校订至1897年，译稿后遗失。万兆元、何琼辉：《牛顿〈原理〉在中国的译介与传播》，载《中国科技史杂志》第40卷，2019年第1期，第51—65页，此处见第54页。

1896年刊印的三卷本《西学书目表》中指出:"国家欲自强,以多译西书为本;学者欲自立,以多读西书为功。"[1]书中收录鸦片战争后至1896年间的译著三百四十一种,梁启超希望通过《读西学书法》向读者展示西方近代以来的知识体系。

不论是在精神上,还是在知识上,中国近代都没有继承好启蒙时代的遗产。启蒙运动提出要高举理性的旗帜,认为世间的一切都必须在理性法庭面前接受审判,不仅倡导个人要独立思考,也主张社会应当以理性作为判断是非的标准。它涉及宗教信仰、自然科学理论、社会制度、国家体制、道德体系、文化思想、文学艺术作品理论与思想倾向等。从知识论上来讲,从1860年至1919年五四运动爆发,受西方启蒙的各种自然科学知识被系统地介绍到了中国。大致说来,这些是14—18世纪科学革命和启蒙运动时期的社会科学和自然科学的知识。在社会科学方面包括了政治学、语言学、经济学、心理学、社会学、人类学等学科,而在自然科学方面则包含了物理学、化学、地质学、天文学、生物学、医学、遗传学、生态学等学科。按照胡适(1891—1962)的观点,新文化运动和五四运动应当分别来看待:前者重点在白话文、文学革命、西化与反传统,是一场类似文艺复兴的思想与文化的革命,而后者主要是

---

1 梁启超:《西学书目表·序例》,收入《饮冰室合集》,中华书局1989年版,第123页。

一场政治革命。根据王锦民的观点，"新文化运动很有文艺复兴那种热情的、进步的色彩；而接下来的启蒙思想的冷静、理性和批判精神，新文化运动中也有，但是发育得不充分，且几乎被前者遮蔽了"。[1]五四运动以来，中国接受了尼采等人的学说。"在某种意义上说，近代欧洲启蒙运动的思想成果，理性、自由、平等、人权、民主和法制，正是后来的'新'思潮力图摧毁的对象"。[2]近代以来，中华民族的确常常遭遇生死存亡的危局，启蒙自然会受到充满革命热情的救亡的排挤，而需要以冷静的理性态度来对待的普遍知识，以及个人的独立人格和自由不再有人予以关注。因此，近代以来我们并没有接受一个正常的、完整的启蒙思想，我们一直以来所拥有的仅仅是一个"半启蒙状态"。今天我们重又生活在一个思想转型和社会巨变的历史时期，迫切需要全面地引进和接受一百多年来的现代知识，并在思想观念上予以重新认识。

　　1919年新文化运动的时候，我们还区分不了文艺复兴和启蒙时代的思想，但日本的情况则完全不同。日本近代以来对"南蛮文化"的摄取，基本上是欧洲中世纪至文艺复兴时期的"西学"，而从明治维新以来对欧美文化的摄取，则是启蒙

1　王锦民：《新文化运动百年随想录》，见李雪涛等编《合璧西中——庆祝顾彬教授七十寿辰文集》，外语教学与研究出版社2016年版，第282—295页，此处见第291页。
2　同上。

时代以来的西方思想。特别是在第二个阶段，他们做得非常
彻底。[1]

三

　　罗素在《西方哲学史》的"绪论"中写道："一切确切的
知识——我是这样主张的——都属于科学，一切涉及超乎确切
知识之外的教条都属于神学。但是介乎神学与科学之间还有一
片受到双方攻击的无人之域；这片无人之域就是哲学。"[2]康德
认为，"只有那些其确定性是无可置疑的科学才能成为本真意
义上的科学；那些包含经验确定性的认识（Erkenntnis），只
是非本真意义上所谓的知识（Wissen），因此，系统化的知识
作为一个整体可以称为科学（Wissenschaft），如果这个系统
中的知识存在因果关系，甚至可以称之为理性科学（Rationale
Wissenschaft）"。[3]在德文中，科学是一种系统性的知识体系，
是对严格的确定性知识的追求，是通过批判、质疑乃至论证而
对知识的内在固有理路即理性世界的探索过程。科学方法有别

1　家永三郎著，靳丛林等译：《外来文化摄取史论》，大象出版社2017年版。

2　罗素著，何兆武、李约瑟译：《西方哲学史》（上卷），商务印书馆1963年版，第
　　11页。

3　Immanuel Kant, *Metaphysische Anfangsgründe der Naturwissenschaft*. Riga: bey
　　Johann Friedrich Hartknoch, 1786. S. V-VI.

于较为空泛的哲学，它既要有客观性，也要有完整的资料文件以供佐证，同时还要由第三者小心检视，并且确认该方法能重制。因此，按照罗素的说法，人类知识的整体应当包括科学、神学和哲学。

在欧洲，"现代知识社会"（Moderne Wissensgesellschaft）的形成大概从近代早期一直持续到了1820年。[1]之后便是知识的传播、制度化以及普及的过程。与此同时，学习和传播知识的现代制度也建立起来了，主要包括研究型大学、实验室和人文学科的研讨班（Seminar）。新的学科名称如生物学（Biologie）、物理学（Physik）也是在1800年才开始使用；1834年创造的词汇"科学家"（Scientist）使之成为一个自主的类型，而"学者"（Gelehrte）和"知识分子"（Intellekturlle）也是19世纪新创的词汇。[2]现代知识以及自然科学与技术在形成的过程中，不断通过译介的方式流向欧洲以外的世界，在诸多非欧洲的区域为知识精英所认可、接受。今天，历史学家希望运用全球史的方法，祛除欧洲中心主义的知识史，从而建立全球知识史。

本学期我跟我的博士生们一起阅读费尔南·布罗代尔

1　Cf. Richard van Dülmen, Sina Rauschenbach (Hg.), *Macht des Wissens: Die Entstehung der Modernen Wissensgesellschaft.* Köln: Böhlau Verlag, 2004.

2　Cf. Jürgen Osterhammel, *Die Verwandlung der Welt: Eine Geschichte des 19. Jahrhunderts.* München: Beck, 2009. S. 1106.

（Fernand Braudel，1902—1985）的《地中海与菲利普二世时代的地中海世界》（*La Méditerranée et le Monde méditerranéen à l'époque de Philippe II*，1949）一书。[1]在"边界：更大范围的地中海"一章中，布罗代尔并不认同一般地理学家以油橄榄树和棕榈树作为地中海的边界的看法，他指出地中海的历史就像是一个磁场，吸引着南部的北非撒哈拉沙漠、北部的欧洲以及西部的大西洋。在布罗代尔看来，距离不再是一种障碍，边界也成为相互连接的媒介。[2]

发源于欧洲文艺复兴时代末期，并一直持续到18世纪末的科学革命，直接促成了启蒙运动的出现，影响了欧洲乃至全世界。但科学革命通过学科分类也影响了人们对世界的整体认识，人类知识原本是一个复杂系统。按照法国哲学家埃德加·莫兰（Edgar Morin，1921— ）的看法，我们的知识是分离的、被肢解的、箱格化的，而全球纪元要求我们把任何事情都定位于全球的背景和复杂性之中。莫兰引用布莱兹·帕斯卡（Blaise Pascal，1623—1662）的观点："任何事物都既是结果又是原因，既受到作用又施加作用，既是通过中介而存在又是直接存在的。所有事物，包括相距最遥远的和最不相同的事物，都被一种自然的和难以觉察的联系维系着。我认为不认识

---

1 布罗代尔著，唐家龙、曾培耿、吴模信等译：《地中海与菲利普二世时代的地中海世界》（全二卷），商务印书馆2013年版。

2 同上书，第245—342页。

整体就不可能认识部分，同样地，不特别地认识各个部分也不可能认识整体。"[1]莫兰认为，一种恰切的认识应当重视复杂性（complexus）——意味着交织在一起的东西：复杂的统一体如同人类和社会都是多维度的，因此人类同时是生物的、心理的、社会的、感情的、理性的；社会包含着历史的、经济的、社会的、宗教的等方面。他举例说明，经济学领域是在数学上最先进的社会科学，但从社会和人类的角度来说它有时是最落后的科学，因为它抽去了与经济活动密不可分的社会、历史、政治、心理、生态的条件。[2]

四

贝克出版社（C. H. Beck Verlag）至今依然是一家家族产业。1763年9月9日卡尔·戈特洛布·贝克（Carl Gottlob Beck，1733—1802）在距离慕尼黑100多公里的讷德林根（Nördlingen）创立了一家出版社，并以他儿子卡尔·海因里希·贝克（Carl Heinrich Beck，1767—1834）的名字来命名。在启蒙运动的影响下，戈特洛布出版了讷德林根的第一份报纸与关于医学和自然史、经济学和教育学以及宗教教育

---

1 转引自莫兰著，陈一壮译：《复杂性理论与教育问题》，北京大学出版社2004年版，第26页。

2 同上书，第30页。

的文献汇编。在第三代家族成员奥斯卡·贝克（Oscar Beck，
1850—1924）的带领下，出版社于1889年迁往慕尼黑施瓦宾
（München-Schwabing），成功地实现了扩张，其总部至今仍设
在那里。在19世纪，贝克出版社出版了大量的神学文献，但
后来逐渐将自己的出版范围限定在古典学研究、文学、历史和
法律等学术领域。此外，出版社一直有一个文学计划。在第一
次世界大战期间的1917年，贝克出版社独具慧眼地出版了瓦
尔特·弗莱克斯（Walter Flex，1887—1917）的小说《两个世
界之间的漫游者》（*Der Wanderer zwischen beiden Welten*），这
是魏玛共和国时期的一本畅销书，总印数达一百万册之多，也
是20世纪最畅销的德语作品之一。[1]目前出版社依然由贝克家
族的第六代和第七代成员掌管。2013年，贝克出版社庆祝了其

1　第二次世界大战后，德国汉学家福兰阁（Otto Franke，1863—1946）出版《两
　　个世界的回忆——个人生命的旁白》（*Erinnerungen aus zwei Welten: Randglossen
　　zur eigenen Lebensgeschichte.* Berlin: De Gruyter, 1954.）。作者在1945年的前
　　言中解释了他所认为的"两个世界"有三层含义：第一，作为空间上的西方和东
　　方的世界；第二，作为时间上的19世纪末和20世纪初的德意志工业化和世界政
　　策的开端，与20世纪的世界；第三，作为精神上的福兰阁在外交实践活动和学
　　术生涯的世界。这本书的书名显然受到《两个世界之间的漫游者》的启发。弗莱
　　克斯的这部书是献给1915年阵亡的好友恩斯特·沃切（Ernst Wurche）的：他
　　是"我们德意志战争志愿军和前线军官的理想，也是同样接近两个世界：大地和
　　天空、生命和死亡的新人和人类向导"。（Wolfgang von Einsiedel, Gert Woerner,
　　Kindlers Literatur Lexikon, Band 7, Kindler Verlag, München 1972.）见福兰阁
　　的回忆录中文译本，福兰阁著，欧阳甦译：《两个世界的回忆——个人生命的旁
　　白》，社会科学文献出版社2014年版。

成立二百五十周年。

　　1995年开始，出版社开始策划出版"贝克通识文库"
(C.H.Beck Wissen)，这是"贝克丛书系列"(Beck'schen Reihe)
中的一个子系列，旨在为人文和自然科学最重要领域提供可
靠的知识和信息。由于每一本书的篇幅不大——大部分都在
一百二十页左右，内容上要做到言简意赅，这对作者提出了更
高的要求。"贝克通识文库"的作者大都是其所在领域的专家，
而又是真正能做到"深入浅出"的学者。"贝克通识文库"的
主题包括传记、历史、文学与语言、医学与心理学、音乐、自
然与技术、哲学、宗教与艺术。到目前为止，"贝克通识文库"
已经出版了五百多种书籍，总发行量超过了五百万册。其中有
些书已经是第8版或第9版了。新版本大都经过了重新修订或
扩充。这些百余页的小册子，成为大学，乃至中学重要的参考
书。由于这套丛书的编纂开始于20世纪90年代中叶，因此更
符合我们现今的时代。跟其他具有一两百年历史的"文库"相
比，"贝克通识文库"从整体知识史研究范式到各学科，都经
历了巨大变化。我们首次引进的三十多种图书，以科普、科学
史、文化史、学术史为主。以往文库中专注于历史人物的政治
史、军事史研究，已不多见。取而代之的是各种普通的知识，
即便是精英，也用新史料更多地探讨了这些"巨人"与时代的
关系，并将之放到了新的脉络中来理解。

　　我想大多数曾留学德国的中国人，都曾购买过罗沃尔特出

版社出版的"传记丛书"（Rowohlts Monographien），以及"贝克通识文库"系列的丛书。去年年初我搬办公室的时候，还整理出十几本这一系列的丛书，上面还留有我当年做过的笔记。

五

作为启蒙时代思想的代表之作，《百科全书》编纂者最初的计划是翻译1728年英国出版的《钱伯斯百科全书》（*Cyclopaedia: or, An Universal Dictionary of Arts and Sciences*），但以狄德罗为主编的启蒙思想家们以"改变人们思维方式"为目标，[1]更多地强调理性在人类知识方面的重要性，因此更多地主张由百科全书派的思想家自己来撰写条目。

今天我们可以通过"绘制"（mapping）的方式，考察自19世纪60年代以来学科知识从欧洲被移接到中国的记录和流传的方法，包括学科史、印刷史、技术史、知识的循环与传播、迁移的模式与转向。[2]

徐光启在1631年上呈的《历书总目表》中提出："欲求超

---

1 Lynn Hunt, Christopher R. Martin, Barbara H. Rosenwein, R. Po-chia Hsia, Bonnie G. Smith, *The Making of the West: Peoples and Cultures, A Concise History,* Volume II: Since 1340. Bedford/St. Martin's, 2006, p. 611.

2 Cf. Lieven D'hulst, Yves Gambier (eds.), *A History of Modern Translation Knowledge: Source, Concepts, Effects.* Amsterdam: John Benjamins, 2018.

胜，必须会通，会通之前，先须翻译。"[1]翻译是基础，是与其他民族交流的重要工具。"会通"的目的，就是让中西学术成果之间相互交流，融合与并蓄，共同融汇成一种人类知识。也正是在这个意义上，才能提到"超胜"：超越中西方的前人和学说。徐光启认为，要继承传统，又要"不安旧学"；翻译西法，但又"志求改正"。[2]

近代以来中国对西方知识的译介，实际上是在西方近代学科分类之上，依照一个复杂的逻辑系统对这些知识的重新界定和组合。在过去的百余年中，席卷全球的科学技术革命无疑让我们对于现代知识在社会、政治以及文化上的作用产生了认知上的转变。但启蒙运动以后从西方发展出来的现代性的观念，也导致欧洲以外的知识史建立在了现代与传统、外来与本土知识的对立之上。与其投入大量的热情和精力去研究这些"二元对立"的问题，我以为更迫切的是研究者要超越对于知识本身的研究，去甄别不同的政治、社会以及文化要素究竟是如何参与知识的产生以及传播的。

此外，我们要抛弃以往西方知识对非西方的静态、单一方向的影响研究。其实无论是东西方国家之间，抑或是东亚国家之间，知识的迁移都不是某一个国家施加影响而另一个国家则完全

---

1 见徐光启、李天经等撰，李亮校注：《治历缘起》（下），湖南科学技术出版社
2017年版，第845页。
2 同上。

被动接受的过程。第二次世界大战以后对于殖民地及帝国环境下的历史研究认为，知识会不断被调和，在社会层面上被重新定义、接受，有的时候甚至会遭到排斥。由于对知识的接受和排斥深深根植于接收者的社会和文化背景之中，因此我们今天需要采取更好的方式去重新理解和建构知识形成的模式，也就是将研究重点从作为对象的知识本身转到知识传播者身上。近代以来，传教士、外交官、留学生、科学家等都曾为知识的转变和迁移做出过贡献。无论是某一国内还是国家间，无论是纯粹的个人，还是由一些参与者、机构和知识源构成的网络，知识迁移必然要借助于由传播者所形成的媒介来展开。通过这套新时代的"贝克通识文库"，我希望我们能够超越单纯地去定义什么是知识，而去尝试更好地理解知识的动态形成模式以及知识的传播方式。同时，我们也希望能为一个去欧洲中心主义的知识史做出贡献。对于今天的我们来讲，更应当从中西古今的思想观念互动的角度来重新审视一百多年来我们所引进的西方知识。

知识唯有进入教育体系之中才能持续发挥作用。尽管早在1602年利玛窦的《坤舆万国全图》就已经由太仆寺少卿李之藻（1565—1630）绘制完成，但在利玛窦世界地图刊印三百多年后的1886年，尚有中国知识分子问及"亚细亚""欧罗巴"二名，谁始译之。[1] 而梁启超1890年到北京参加会考，回粤途经

---

1 洪业：《考利玛窦的世界地图》，载《洪业论学集》，中华书局1981年版，第150—192页，此处见第191页。

上海，买到徐继畬（1795—1873）的《瀛环志略》（1848）方知世界有五大洲！

近代以来的西方知识通过译介对中国产生了巨大的影响，中国因此发生了翻天覆地的变化。一百多年后的今天，我们组织引进、翻译这套"贝克通识文库"，是在"病灶心态""救亡心态"之后，做出的理性选择，中华民族蕴含生生不息的活力，其原因就在于不断从世界文明中汲取养分。尽管这套丛书的内容对于中国读者来讲并不一定是新的知识，但每一位作者对待知识、科学的态度，依然值得我们认真对待。早在一百年前，梁启超就曾指出："……相对地尊重科学的人，还是十个有九个不了解科学的性质。他们只知道科学研究所产生的结果的价值，而不知道科学本身的价值，他们只有数学、几何学、物理学、化学等概念，而没有科学的概念。"[1]这套读物的定位是具有中等文化程度及以上的读者，我们认为只有启蒙以来的知识，才能真正使大众的思想从一种蒙昧、狂热以及其他荒谬的精神枷锁之中解放出来。因为我们相信，通过阅读而获得独立思考的能力，正是启蒙思想家们所要求的，也是我们这个时代必不可少的。

李雪涛

2022年4月于北京外国语大学历史学院

1　梁启超：《科学精神与东西文化》（8月20日在南通为科学社年会讲演），载《科学》第7卷，1922年第9期，第859—870页，此处见第861页。

目　录

前　言

昆虫的世界陌生而又神奇。只要稍加探究，我们就会发现一个令人难以置信的世界——昆虫繁复的形态和千奇百怪的外形一定会让你叹为观止。

截至目前，能被生物学界辨识的昆虫种类近一百万种。近些年来，自从科学家们能够深入探究热带雨林之后，即使是谨慎保守的昆虫学家，也将昆虫的种类估计增加了四十倍到五十倍！这意味着，昆虫种类达到了四千万到五千万种之多，这真是一个耸人听闻的数字。假如换个角度，从昆虫的个体数量去考虑，下面的这些数字和对比就变得更加惊人而有趣。比如，每一个地球人对应着几百万只蚂蚁；而一大团蝗虫群，其蝗虫个体数量竟然可以达到几十亿只之多！我们生活在欧洲的人，没有谁会把这里想象成一个像热带雨林那样物种丰富的地方。可是你能想象得到吗？在欧洲一个树林里，每平方米的昆虫种类就会达到十万种之多。桦树的一条重约十公斤的枝杈上面，生存着大约三千种昆虫，而这仅仅是桦树的一个小小分支而已！

昆虫虽然无处不在，但大部分时间里我们却忽视了它们的存在。遗憾的是，多数情况下，只有在它们打扰甚至对我们造成伤害的时候，我们才会注意到它们。这本小书的目的，是帮助读者对昆虫世界有一个初步的了解：生活在地球各处的千姿百态的昆虫，以及它们是怎样通过身体的突变和进化，以适应外部世界的变化。

如果要求我对此做一个全面的介绍，未免有些勉为其难。况且，像任何一门科学一样，昆虫学也不能依靠罗列繁复的细节而进行研究。生物学的目的，在这点上和其他的学科并无二致，即致力于对这个纷繁复杂的世界加以总览的描述。所以读者尽可以放松心情，跟随我的视线和脚步，在繁复的细节中抽丝剥茧，了解昆虫世界普遍的规律。不过，从另一方面讲，作为对于复杂生命个体进行研究的科学，生物学又有义务对生物的多样性和细节加以观察和描述。

本书篇幅有限，我不希望把它做成一本干巴巴的生物学观点的罗列。我希望不仅仅局限于有关昆虫及其相互关联的阐述，而是试图为读者揭开冰山一角，管中一窥昆虫展现的五彩斑斓的世界，并发现当我们徜徉其中时，对昆虫的探索会给我们带来怎样的乐趣！如果有哪位读者在看过这本小书之后，被激发了兴趣，而去阅读更多的有关昆虫的书籍，进一步了解昆虫世界，我也就感到心满意足了。

在此，感谢我的妻子加布丽尔·霍诺米歇尔，她为本书内容提供了许多批评性和启发性的意见。感谢美茵茨大学的阿尔布莱特·西格特教授，他总是愿意抽出时间和我讨论此书，并对成书提供了很多帮助。本书的编辑，贝克出版社的斯蒂芬·麦尔博士循循善诱，正是他说服了我写作此书。不过我对麦尔博士的感激不仅仅限于此：我们还曾对本书的内容做过一次生动有趣的讨论。此外，对此书编制提供帮助的两位女士——曼努埃拉·舒耐克女士和安吉拉克·冯·拉尔女士，在此一并致谢。

第一章 ——— 昆虫的成功模式——
它们是如何做到的

昆虫虽小，却是极其复杂的生物。它们无处不在，而且在任何地方都过得有滋有味。它们的身体结构总是能针对特殊任务给出令人惊异的答案。几乎所有的昆虫都能飞行，许多还可以潜水，有些可以在水面上健步如飞，有些则能倒立在天花板甚至在玻璃上如履平地。它们能咀嚼坚硬的食物，吸吮植物的汁液；它们能咬透木材和砂石，还能编制精美的茧壳，打造结实的住房，其坚实程度不输于我们的水泥建筑——昆虫真是多才多艺，其本领说不清道不完。

若想了解本领高强的昆虫的身体结构，最好还是先看一下昆虫的进化史，这对我们了解它们大有助益。

蠕虫状的祖先

昆虫早期祖先，同时也是所有节肢动物（Articulata）的祖先，看起来很像生活在今天的环虫（Annelida）：它们有着柔软的皮肤、长长延展的身体，而身体是由一段一段的躯体前后连贯而成。这其中的每一段躯体，我们称之为体节。

有充分的证据表明，昆虫祖先的这些体节是完全相同的。
每个体节，从位于身体最前方的到最后面的，都生长着相同
的组织与器官，如肌肉、血管、排泄器官和生殖器官，每个体
节外面都有几对附肢。从现今生活在海洋中的环虫类动物身体
上，可以看到它们在进化初期的样子。人们会有这样的印象，
好像这些体节都是由一个体节克隆复制而成，然后一节一节地
连在了一起。顺便提一下，脊椎动物的祖先也是同样的情形。

昆虫在进化的过程中，昆虫祖先的身体发生了深刻的变
化：有的是身体结构发生了转化，有的则是全新的进化。其中
两个变化有着特别深远的意义。

昆虫的进化：身体外部的铠甲

首先，其身体表皮（包围在身体最外层的细胞层）有了分
泌的能力，能分泌出一种黏稠且硬的有机物质。这样，它的身
体外面就有了一层硬壳，像铠甲一样包裹住身体，使其能够抵
御外来机械或者化学性的侵害。

此种进化非同小可，仿佛吹响了前进的军号，自此产生了
庞大的后代，即节肢动物门。蜘蛛、蟹类、千足虫，还有我们
本书的主角昆虫，均从属节肢动物门。

身体内部的分工

　　随后发生了第二个重要的变化：每个体节不再完全相同，而是几个体节合并成了一个单元，即体段。

　　毫无疑问，这一变化是节肢动物能在地球上如此成功的秘密武器之一。变化后，体段中各个体节不再有相同的器官。不同体段中均有重点器官，它们都变得大而强壮且有效率，其他器官则发生了退化。其结果是，每个体段可以完成某种单独而特殊的功能。这种专业化的优点是不言而喻的，不同体段均有自己独特的器官，可以各司其职，能更有效地工作，因而远远超过了它们的蠕虫祖先。

　　昆虫的体段演化成了三部分（见图1）：头部，用来进食、辨别方向和中枢控制；胸部，其上有附肢以及翅膀（后续进化而来），司职昆虫的运动；腹部，完成对食物的消化，繁衍后代的器官也聚集这里。以进化后的昆虫胸部为例，我们发现其胸部几乎全部由肌肉组成，给其他器官留下的空间极少，而恰恰因为这一点，昆虫成了无比灵巧的步行侠和疾速的飞行家。

　　节肢动物门下各目动物在体段的进化上各不相同，这些特征可以作为识别其种类的依据。而辨别昆虫的最简单方法，就是数一下它们的附肢。因为只有昆虫总是有三对附肢，且全部长在胸部。

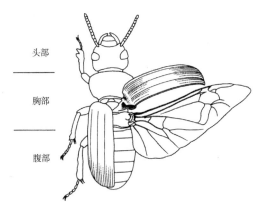

图1　昆虫的三个体段

以甲壳虫为例：几个体段在头部融合为一个整体。胸部由三个体节组成，各有一对附肢（图上仅画出了左侧附肢），以及后部的两对翅膀。腹部第二节在昆虫的进化过程中有强烈退化的趋势，所以不同昆虫腹部的体节数各不相同。

通常，我们想当然地认为昆虫都能够飞行。实际上，根据目前的研究，昆虫生活在遥远的古生代的祖先是没有翅膀的。虽然科学家们没能发现它们遗留下来的踪迹，但是，通过对化石的研究，我们对其后代所知颇多。学者们将生活在地球上的昆虫分门别类，大约归入三十个群组，也就是生物分类学上的"目"。虽然在中古时代，昆虫的种类才开始爆发性地增长。可是，通过对化石的研究，人们惊奇地发现，依据目前划分的近三十个大目中的代表昆虫，在距今两亿年的古生代末期就已经存在了。

节肢动物昆虫纲中各目昆虫在进化发展中的亲缘关系，请见图2。

原生无翅昆虫

目前生活在地球上的昆虫中，只有少数几个目的昆虫，保留了它们祖先没有翅膀的形态，如弹尾虫、石蛃、衣鱼等。过着这种"隐居"生活的昆虫只有几千种。尽管种类不多，它们

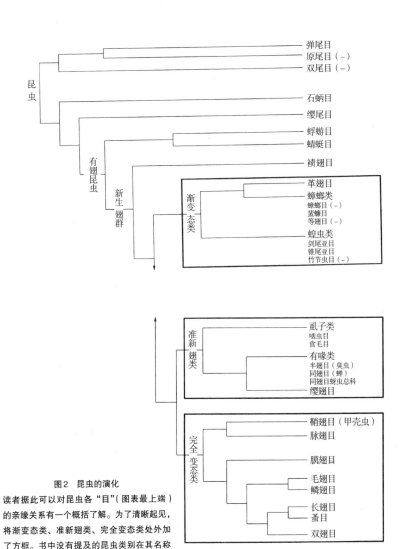

图2　昆虫的演化

读者据此可以对昆虫各"目"（图表最上端）
的亲缘关系有一个概括了解。为了清晰起见，
将渐变态类、准新翅类、完全变态类处外加
了方框。书中没有提及的昆虫类别在其名称
后面加了（-）以作提示。

却有着庞大的个体数量：在一平方米的森林土地上，平均生活着大约四万只弹尾虫！

　　从属弹尾目的昆虫大约有六千种，大多数体长在一到二毫米之间。世界各地都能找到它们的身影，其生活环境则各不相同：大多数生活在落叶上，或者地表上层，以及各种各样的空隙之中。有一些生活在花丛中，看来对色彩十分偏爱；有少量"冒险家"生活在比较极端的地方——潮汐涨落的地方，或者是冰川；也有不少生活在水波不兴的池塘边缘。

　　除了少数生活在地表深层的种类，大多数的弹尾目昆虫都在身体后部有一个弹器，可以据此来辨别它们。正常情况下，弹器朝向前方位于腹部第三节的握弹器中，该握弹器形似抓钩。当跳跃时，弹器快速向下后方蹬出，利用地面反作用力弹跳出很长的一段距离。它们大都以腐烂的动植物为食物。自然界中落叶之所以能够被消化吸收，很大程度上要归功于有着巨大个体数量的弹尾目昆虫。

　　石蛃目（Archaeognatha）的昆虫也大都过着隐居的生活。石蛃目家族成员约有四百五十种，其体长明显大于弹尾目昆虫，在一到两厘米之间。它们大多生活在岩石上，以及石质的墙面中，山中海拔三千米以下和海边都能发现它们的身影。它们通常在夜里进食地表的植被。石蛃目昆虫进食时很安静，也经常会停留在一个地方。不过，如果受到惊扰，它们可以一下子跳出好远，最远能达到十厘米！它们的弹跳方式有别于弹尾目昆虫：它们将身体曲起来，然后以胸部和身体后部快速弹击地面，利用反作用力快速弹出。

衣鱼目昆虫（Zygentoma，见图3）体长和石蛃目昆虫差不多，也同样在头部有着长长的天线般触角，尾部有尾须（侧边一对尾须，中间是中尾丝）。尾须和中尾丝是衣鱼目昆虫的嗅觉与味觉器官。它们身体扁平，使得它们能很容易地穿过缝隙。目前已知该目下的昆虫大约有四百种，无一例外都喜欢温暖的环境。这也许是它们中的很少一部分能生活在我们家中（有些也生活在蚁穴中）的原因（此处指作者所在的德国，译者注）。它们总是在夜晚出动寻找食物。我们家的食物中，它们尤其喜欢淀粉类食物，比如面粉和烘焙食物。人们平常很少会注意到它们，它们也很少打扰人们。

原生无翅群昆虫的繁殖方式有些不同寻常：弹尾目和石蛃目的昆虫在繁殖时并不需要雄雌交配，精子的输送是间接进行的。一对雌雄昆虫在用触须相互触碰一段时间后，雄虫会排出一些丝状物在地面上，并将精子团排到丝状物之下。随后雄虫引诱雌虫从丝状物下面通过，一旦雌虫触碰到了丝状物，会用其身体的后部寻找排出的精子，并把它们装进自己的产卵器中。

有翅亚纲昆虫

　　原生无翅昆虫以外的很大一部分昆虫（即有翅亚纲，有近一百万种昆虫），源于同一个在演化过程中进化出了翅膀的始祖。此亚纲下面的两个目，即蜉蝣目和蜻蜓目中的昆虫尤其接近其原始状态：它们在休息时或者翅膀上竖（如蜉蝣、豆娘），或者翅膀平摊在身体两侧，一如它们飞行时的姿态。

　　这两个目下的昆虫幼虫均生活在淡水区，有些会在那里生活数年。蜉蝣目的幼虫以水下的藻类和各种有机废物作为食物，有些会像蚯蚓一样钻进河床，进食淤泥并吸收其中的营养。蜉蝣目下大约有两千种昆虫，全部体形微小，即使算上它们尾部三根长长的尾须，体长也不过在一到二厘米之间。它们的生命周期都异乎寻常的短暂，有些甚至必须在数小时内完成寻找配偶并交配的过程。所以它们都生活在其孵化水域不远的地方，并最终将卵产在它们出生的地方。

　　既然寿命如此短暂，我们就不会对蜉蝣目昆虫萎缩退化的口器感到奇怪了。通过这样的口器它们根本无法进食，因为它们也不需要进食。不过，与自己倏忽而过的生命周期相适应，它们的大肠有着不同寻常的用途：吸入的空气在大肠中膨胀，据此提升其在空中的浮力，从而降低了飞行的难度。而且，在飞行中，它们能通过改变空气在大肠中的位置，而切换到相应的飞行体位。这一特性让雄虫大展身手：它们总是成群聚集在水面上方，时而急速垂直爬升，然后慢速水平飞行降落。其实，它们是在等待飞过的雌虫。一旦有雌虫飞过，雄虫垂直起飞从后方追上，用前腿夹住雌虫，并随之在飞行途中进行交配。

蜻蜓目（Odonata，见图3）下大约有五千种昆虫。我们可以将其分为三个群组，其中两个可以在我们的国家（指本书作者所在的德国，译者注）看到：豆娘和蜻蜓。从翅膀结构上可以区分它们：豆娘的两对翅膀相同，翅基窄小；蜻蜓的前后翅膀则互不相同，前翅窄小，后翅宽大而向后微微弯曲。

相较于蜉蝣目，蜻蜓目昆虫要活跃得多。虽然雌性蜻蜓飞行活动半径很大，不过，它们在繁殖期总是会回到原先生活的水域。这时，雄蜻蜓会在雌蜻蜓生活水域的周边通过巡逻、攻击闯入的同性竞争对手来划定自己的领地。雄蜻蜓在这里等待着，一旦雌蜻蜓飞过，它们立刻尾随上去，首先用前腿抓住雌蜻蜓，然后用它们钳子一样的尾铗抓住雌蜻蜓的颈部。随后，它们会这样黏合在一起飞行，像一辆骑行中的双人自行车一样。紧接着就发生了看起来十分古怪的一幕：雌蜻蜓将它的后腹部弯向前方，在雄蜻蜓的身体下方，将生殖孔伸入雄蜻蜓前腹部的受精囊。雄蜻蜓在交配前已经在精囊中充满了精子。通过这种不同寻常的交配姿态（被称为"轮式"，因为从侧面看上去像一个圆圈），蜻蜓完成了授精。

蜻蜓目的昆虫都是格外出色的飞行家，而且它们视觉敏锐，其感官系统主要依赖眼睛。它们在飞行中追逐猎物，用腿来抓住它们。我们能看到，其飞行时腹部是弯曲的，这有助于缓冲抓住猎物一刹那间产生的冲击力。

　　蜻蜓幼虫也是通过捕食猎物来进食，不过它们是有耐心的猎手，总是潜伏在那里等待靠近的猎物。同样，它们也进化出了特殊的身体结构来满足捕食的需要：它们的下唇特化为长长

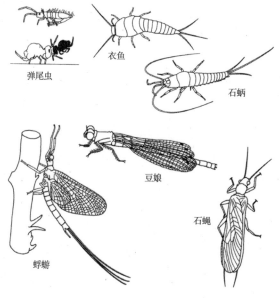

图3　图上部为原生无翅群昆虫，图下部为有翅亚纲昆虫。

的面罩（被称为捕食面罩），前端呈夹钳状。不用时，面罩折叠于头、胸部之下，当猎物靠近到一个合适的距离时，捕食面罩闪电般地展开并出击，将猎物抓获。

新翅次纲（Neoptera）

余下种类的昆虫（即新翅次纲）起源于一种具有特殊技能的昆虫：它们的翅膀可以折叠，在休息时翅膀折叠并向后置于腹部背面。虽然这听起来貌似不是什么令人激动的本领，不过，如果你对昆虫原本已经十分复杂的翅关节有所了解的话，就知道这种折叠会让翅膀的结构如何变得更加繁复。我们通过一个小实验验证一下：用手固定住一页白纸较短的一边，然后试着翻转九十度，而且一定要保持纸张的平整，是不是很困难？不要忘记了，还有另一个难点，即昆虫翅膀折叠关节处的结构，一定要确保在飞行时翅膀决不能进行折叠！不过，一旦这个翅膀的演化大功告成，这种构造就成功地保留在如今所有新翅次纲下的昆虫身上。翅膀能折叠后贴附在背上，其优点显而易见，昆虫可以因此隐蔽在比较窄小的空间里，不容易被发现，从而躲过天敌的猎杀。

石蝇（Plecoptera，襀翅目，见图3）是新翅次纲昆虫中最古老的原始昆虫，目前所知的大约有两千种。大部分的成虫体长在一厘米左右，德国境内的品种体长最长的可以达到三厘米。成虫喜欢栖息在水域附近的植物上。其幼虫时期也生活在同一片水域中，并在成熟后很快进行交配。人们观察到，襀翅目下的部分昆虫会有一种奇异的表演：它们用身体后方的关节敲击底板发出类似鼓声的声响，并以此求偶。通常是雄虫起头，未交尾的雌虫应和，最终成为一个双方的合唱。在这个过程中，雌虫、雄虫逐渐互相靠近。幼虫为淡水生，通常生活在清凉、水流较湍急的溪水里，进食水中的藻类和腐败有机物。体形较大的幼虫也会以捕猎的各种活物为食。

渐变态昆虫 (Paurometabola)

新翅次纲下的三个目——革翅目、蜚蠊目、直翅目的昆虫亲缘相近，均为渐变态类昆虫。它们的前翅膀都呈现出革质化的趋向，飞行的功能更多的是由后翅完成，革翅目则完全依靠后翅飞行。

革翅目下大约有一千八百种昆虫，体长大多在一到二厘米之间。通过尾部钳状的尾铗能够轻松地辨别它们。尾铗对于革翅目的昆虫用处很大，既用来捕食猎物，也是防御的武器。它们的前翅革质化，形成短小坚硬的鞘翅。休息时，较大的后翅经过复杂的折叠放在前翅下面。很多革翅目昆虫能够飞行，不过它们很少这么做。飞行前，它们首先要张开折叠的后翅，而尾铗在这里又有了特殊的用途：人们观察到，革翅目昆虫利用尾铗的协助，将后翅从前翅下面拉出并展开。

革翅目昆虫过着隐蔽的生活，栖居在草丛或者松动树皮的下面，觅食则经常在夜里或者拂晓时分进行。它们中的大部分什么都吃，属杂食动物，其中一小部分会危害植物。有些种类，如常见的地蜈蚣，常常会在雌虫挖的小洞里面度过整个冬天。雌雄之间的交尾经常自秋季就开始了，大多情况下，雄虫会继续停留在雌虫的洞穴内，直到度过冬天。不过一旦雌虫开始产卵，这大多在初春进行，雄虫就会被赶出雌虫的洞穴。此后，雌虫会独自照料孵化中的虫卵。它们不仅要清理巢穴内滋生的菌类，还要时刻提防入侵者。

蜚蠊目下除了白蚁、螳螂，蟑螂（见图4）也在其目下。目前已知的蟑螂种类在四千种左右，多数喜欢温暖的环境。源自德国本土的蟑螂有十几种，都生活在比较低矮的植物上。我们家中那些令人厌烦的蟑螂全部是从欧洲南部国家传入的（长约三厘米的"美国蟑螂"很可能是通过古巴甘蔗传入的，而深色的"厨房蟑螂"则来自俄罗斯南部）。大多数蟑螂都在夜间活动，它们行动敏捷，爬行迅速。蟑螂的食性很杂，会吃掉任何它们找到的有营养的东西。尽管蟑螂有大大的翅膀，但我们很少看到它们飞行。

雌蟑螂会将卵下到卵鞘内，外面包裹一层硬硬的、起保护作用的硬壳。多种蟑螂的雌性会将装满卵的卵鞘拖带好几天，卵鞘的一半裸露在生殖孔的外面，直到它们找到隐蔽的地方，将卵下在那里为止。

直翅目的昆虫，包括热带常见的竹节虫，可以分为两个亚目，分别是锥尾亚目（代表昆虫为蝗虫，大约有一万种，见图4）和剑尾亚目（如蟋蟀和蝼蛄）。这些亚目下的昆虫在德国都能找到。直翅目昆虫数量巨大，在各种田地中都能找到它们的身影。令人惊奇的是，直翅目昆虫通过牙齿摩擦身体上比较锋利的边缘处，以发出声响。更令人惊异的是，蝗科昆虫发声器官是完全互相独立进化而来，这一点，从发声器出现在不同昆虫的不同身体位置上可以得到佐证。蟋蟀发声是利用了翅膀的摩擦；蝗虫发声的手法多种多样，有的蝗虫上下摆动后腿，同时摩擦前边翅膀的边沿而发声，有的则通过牙齿和口器的摩擦，还有的是用后腿"打榧子"而制造声响。

发声器发出的声响对其求偶十分重要，因此，直翅目的昆虫大都有鼓膜听器就不足为奇了。不同昆虫的鼓膜听器结构大致相同，而其在不同昆虫身体上位置的不同再一次证明，它们都是相互独立进化而来的：蝈蝈的鼓膜听器在其前腿膝关节处，而蝗虫则是在第一胸区的两侧各有一个鼓膜听器。

蝗虫是植食性昆虫，而蝈蝈则不同，有的是以植物为生，有的则是肉食性的。从蝈蝈的种类分布可以推断，原始的蝈蝈是肉食性的（以昆虫为主），只是后来才分化出来一些以植物作为食物的品种。

剑尾亚目雌性昆虫的产卵器比较长，多为弯曲状，边缘呈微齿状或隆起，由第八、第九背板的隆起在纵向上互相咬合而成，这样，产卵器能整体地插入泥土或植物中产卵。锥尾亚目雌性的产卵器则与此不同，不仅短小，而且两部分是分开的，尾端如钩状，末端尖。雌虫可以用产卵器在地上挖洞，在产卵时会将尾部的大部分沉入到洞中。

直翅目下很多种昆虫的翅膀都退化了（剑尾亚目的昆虫大多保留了翅基处的摩擦发声器），即使那些保持了正常翅膀的种类也很少飞行。总体而言，锥尾亚目的昆虫飞行能力要强得多，其中有几种迁徙性蝗虫臭名昭著，令人"谈蝗色变"。它们聚集起来铺天盖地，可以将地面的植物横扫一空。在迁徙过程中，它们每天能飞行三百公里之多。

除去上面谈到的昆虫，余下的昆虫种类（它们其实占了很大的比例），我们将其归入两个互有亲缘关联的群组——准新翅类和完全变态类。

准新翅类昆虫（Paraneoptera）

可以归入准新翅类的昆虫中，有些十分令人生厌，如虱子、臭虫以及蓟马。它们之间的亲缘关系，可以从其口器相同的结构上清晰地表现出来。

虱目下有书虱（Psocoptera，又称啮虫，大约三千种）与鸟虱（Phthiraptera，又称嗜虱，大约一万二千种）。书虱是微小、柔弱的小东西，体长只有几毫米，通常过着隐居的生活。它们大部分以菌类为生，生活在各种潮湿的地方，比如长满苔藓的树干或者树皮的缝隙中。它们引起人们的注意，通常是在我们翻开一本旧书，或者新建筑潮湿的地毯上，会发现它们的踪迹。

鸟虱全部寄生于鸟类和哺乳动物的皮肤表面，大部分以宿主角质化的皮肤以及毛发为食物，如以鸟类羽毛和哺乳动物毛发为生的牛鸟虱。它们吸食血液的情况比较少见，不过的确有些品种会刺破皮肤，吸食流出来的血液。引人注目的是鸟虱和其宿主之间体现出来的关联特性：相近或有亲缘关系的宿主（鸟类或者哺乳类动物），它们身上的虱子也往往有亲缘关系。我们称之为趋同进化，这种趋同进化肯定持续了上百万年的时间。

给虱类昆虫带来恶名的是吸虱（Anoplura，虱目），以高度复杂的、用以吸食血液的刺吸式口器为特征。它们无一例外地寄生在哺乳动物身体上，尤其以啮齿类和有蹄类哺乳动物为主。据我们所知，有些哺乳动物，如鲸、田鼠、猫，其身上不会寄生吸虱。不过人类身体上，在不同的身体部位可以寄生三种吸虱：头虱、体虱和阴虱。从它们的名字就可以猜到其在人类身体上寄生的部位。其中，头虱会将卵产在头发之间。其实，它们真正让我们感到恐惧的不是它们寄生在我们的身体上，而是其传播危险疾病的能力（如斑疹伤寒、虱传回归热）。

令人不快的臭虫属于半翅目（Hemiptera），不过该目下绝大部分的昆虫（约有八万六千种）都不会寄生在人体上。相反，它们大都是十分有趣的昆虫，而且因其绚丽的颜色引起人们的注意。它们共同的特征是，其口器进化成刺吸式的喙，用来吸食动物血液或者植物浆液。

半翅目下可以分为两个亚目：异翅亚目（Heteroptera），以臭虫为代表；同翅亚目（Homoptera），以吸食植物浆液为生。两者可以通过喙的位置很容易地被区分出来：异翅亚目昆虫的喙在头部的前部，而同翅亚目昆虫的喙，如果以人体作为比较的话，是在相当于人下颌的地方。异翅亚目大多身体扁平，而同翅亚目身体横截面是三角形，背上是瓦片状的翅膀。另一个区别特征在前翅上：异翅亚目昆虫前翅的前段结实粗壮，后段则是膜；而同翅亚目昆虫前翅的前后段质地完全相同。

异翅亚目下大约有四万种昆虫，虽然世界各地都能找到它们的身影，不过它们主要还是生活在热带和亚热带地区，寒冷地区十分少见。其生活环境多种多样。大部分是生活在干燥的地方，不过也有例外，如：跳蝽就生活在水域周边潮湿的地方；在小溪水面或者平静的湖面上，人们经常会看到尺蝽在水面上跑来跑去；也有不少昆虫，如仰泳蝽（Notonectidae）和划蝽（Corixidae）甚至生活在水中。它们大都以吸食植物的浆液为生，一般而言，每种昆虫会固定进食某几种特定的植物。水生昆虫大部分是肉食性的，陆生昆虫中也有一些以猎食其他昆虫为生，如猎蝽和蝎蝽蝽，有时人们利用它们的这一特性来治理害虫。

几乎所有的异翅亚目昆虫都有一个可以分泌的腺体。成虫的腺体位于后方的胸板，若虫的则位于腹部。分泌物的成分因虫而异，各有各的"独门配方"，我们能闻到其各自不同的强烈的气味。这些分泌物一方面是对抗天敌的毒剂，另一方面也可以用来对同类发出警示或者邀请信息。

同翅亚目的昆虫完全从植物浆液中获取食物。归入此目下的昆虫包括蝉（知了，大约三万五千种，见图4）、蚜虫、蚧、粉虱、木虱等。除去种类较多的知了，上述其他昆虫在世界上的种类各自有几千种。它们大多是几毫米长、柔软的小家伙。个头最大的是生活在地中海地区的叶蝉（有少数几种也生活在德国），体长最长可以达到七厘米，以能发出响亮的声音而著称，而且声音拖得很长，昼夜都能听到。只有雄性的蝉才能鸣叫，发声器官位于其腹部：该处腹部表面是薄膜，肌肉收缩运动导致薄膜收缩，由于薄膜的弹性很强，马上回弹，并由此发出声响，很像我们捏易拉罐时发出的声音。

生活在德国的知了并不引人注目，因为它们要么有良好的保护色，要么体形微小。能引起我们注意的大概是沫蝉的若虫，因为它们的体外总是包裹着一层泡沫（也称之为泡泡虫）。

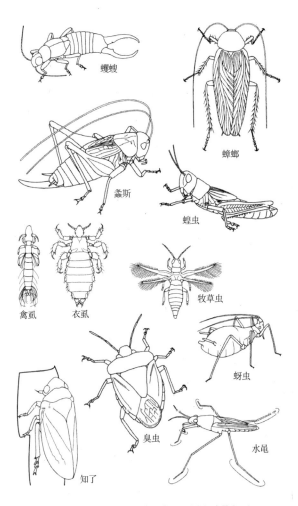

蠼螋

蟑螂

螽斯

蝗虫

禽虱　衣虱　牧草虫

蚜虫

知了　臭虫　水黾

图4　渐变态昆虫（图上部四个）和准新翅类昆虫示例

沫蝉若虫常常是头冲下，在植物枝干上吸吮浆液。吸入的大部
分浆液和蛋白质以及排泄器官中生成的黏多糖相混合后，从肛
门排出。吸入的空气与这些排泄物混合，形成泡沫。泡沫将沫
蝉若虫包围在里面，形成了一个保护层以抵御天敌的攻击。

　　和知了不同，蚜虫无法跳跃，大多稳稳地附着在其进食的
植物上。不过，看似过着平静生活的蚜虫，其繁殖机制却十分
复杂，一年中就会产生几个世代，其中，既有无翅蚜虫，也有
有翅蚜虫。多数世代的雌性蚜虫不和雄虫交配，自行繁殖后代
（孤雌生殖）。直到秋天的时候，雄蚜虫才会登场，和该世代的
雌性蚜虫进行交配，其交配后产下的受精卵越冬。许多种类的
蚜虫还会在冬天和夏天的时候更换宿主。初春时分，有翅蚜虫
会迁移到草本植物上；而秋天出生的世代则会回到它们冬季的
宿主，主要是树木和灌木中。

　　蚜虫复杂的生活史背后，隐藏着它们精细的算计：其更换
夏季、冬季宿主的时节，正好是老宿主的养分（主要是含氮物
质）变得稀薄，而新宿主的养分充足的时刻。而一年数次的孤
雌生殖保证了蚜虫能在适宜的时间节点上，尽可能多地繁殖
后代。

　　缨翅目（Thysanoptera，约四千五百种）同样以植物浆液
作为食物，体形微小，大部分体长只有一毫米左右。其名称源
于其翅膀的特征——狭窄的翅膀前端和后端的边缘上长有长缨
毛。这种特殊的翅膀结构显然和其微小的体形有关，因为我们

在其他小型昆虫，如鞘翅目和膜翅目昆虫的翅膀上发现了同样
的特征。和缨翅目昆虫有亲缘关系的一些体形较大的昆虫，会
直接扎入植物的维管束来吮吸浆液。体形微小的缨翅目昆虫无
法做到这一点，转而直接吸食植物细胞。尽管体形微小，但当
它们聚集起巨大的数量时，会成为农作物的灾害。它们引起我
们注意往往是在夏末时节。那时候，它们在我们身前身后飞来
飞去，或者落在我们的皮肤上爬来爬去，有时，它们也会大量
附着在家中的玻璃窗上。

完全变态昆虫 （Holometabola）

　　下面要谈到的是昆虫的另一个群体，完全变态昆虫。这一
类昆虫的一生充满了复杂的变化，其幼虫时期和成虫时期的区
别显著。这种区别有多么明显呢？我们只需稍稍看一下蝴蝶幼
虫毛毛虫和蝴蝶成虫，以及苍蝇成虫和其幼虫蛆之间的区别就
明白了。幼虫和成虫看起来是完全不同的两种动物，栖息环境
也迥异。它们从幼虫转化为成虫会经历一个蛹化的阶段。这时
候，它们往往是隐藏在一个不引人注意的地方，静静地蛹化。
许多有着大量个体数量的昆虫目均属于完全变态昆虫，其种类
也占到昆虫种类的百分之八十五之多。它们能成功地进化出如
此庞大的种类数量，很可能要归功于它们的幼虫阶段与成虫阶
段迥然不同的生活形态。

　　完全变态昆虫如此庞大的种群数量在地球中古时期就已形成。鞘翅目昆虫（Coleoptera，俗称甲壳虫，见图5）很可能是其中最大的一支，估计有三十六万种之多。其种群如此繁盛的原因，除去坚硬的体壁之外，其前翅的结构尤其功不可没：它们鞘质的前翅硬化，覆盖了整个身体后部，保护甲壳虫免遭外界侵害。其膜质的后翅专司飞行，在休息时折叠于鞘翅下。

　　不过我们也不应该轻易地一概而论。隐翅虫科是甲壳虫目下种类最多的一群，它们的鞘翅恰恰进化得很短。这使得它们能够生活在狭窄的缝隙中，隐蔽自己，从而弥补了短鞘翅引发的保护功能降低的缺陷。

　　甲壳虫种类繁多，其食性也多种多样。许多甲壳虫为捕食性，如步甲；有些则挑食得厉害，比如萤火虫专以蜗牛为美食，瓢虫则喜食蚜虫；其他的甲壳虫则为植食性，如叶甲，有的则喜欢钻进木材里面进食，如小蠹虫或者天牛的幼虫；蜣螂（屎壳郎）则是粪食性，总是寻找特定动物的粪便进食；天牛科下的豚草甲虫则会寻找某些真菌，将它们运到植物的某一个体腔，并在洞穴的侧壁上生活；许多埋葬虫为尸食性，它们会将动物的尸体埋入地下，作为幼虫的食物；河狸虱的偏好又特殊又专一——它们专吃寄生在河狸毛发中的蜱螨。

　　许多甲壳虫都可以制造声响。比如让人们感到厌烦的窃蠹科，它们钻食家具和木制雕像，而且用头部敲击行走的路径发出声音（蠹鱼因其发出的声音，在德语中被称为死亡钟表）。

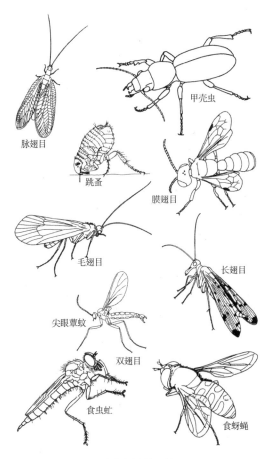

脉翅目

跳蚤

甲壳虫

膜翅目

毛翅目

长翅目

尖眼蕈蚊

双翅目

食虫虻

食蚜蝇

图5 完全变态昆虫示例

不过大多数会像蝗虫类昆虫一样，用细牙划过身体上尖锐的边沿发声。小蠹科昆虫就是用牙齿划过身体上的隆起来制造声响。发出声响的目的，有时是为了恐吓对手，有时则是求偶的需要。

脉翅目下大约有五千五百种昆虫，它们和两个目的昆虫有着密切的亲缘关系：蛇蛉目和广翅目。它们大都是中等体长，有着柔软的身体，膜质翅膀有许多纵脉和横脉。为我们熟知的是该目下的草蛉，是蚜虫的天敌。尽管一些脉翅目昆虫的幼虫生活在水中，但是全部在陆地上蛹化。它们的腺体能分泌极细的丝线，从肛门排出，在体外织成细密的网络。

有着十万种之多的膜翅目是完全变态昆虫中种类最多的一个支脉。蚂蚁、蜜蜂、胡蜂和大黄蜂均在其目下，它们都有着复杂的昆虫结构。其体量大小悬殊，最大的体长会达到五厘米，最小的缨小蜂则只有零点二毫米长。

我们可以将膜翅目昆虫分成两个种类悬殊的亚目：广腰亚目和细腰亚目。广腰亚目昆虫的胸部和腹部广接，其幼虫看起来和蝴蝶的蛹十分相近，而且同样以进食植物叶子为生。细腰亚目的种类则庞大得多，其特征是胸部后面生有螯刺。广腰亚目昆虫和许多具有螯刺的蜂都有产卵器，其形状和长度在不同种类间相差很大。不过后者的螯刺大多和毒腺相通，螯刺的功能不再是产卵，而是用来毒杀对手以进行防御。对这些昆虫而言，卵是从螯刺根部侧面排出的。掘土蜂和蛛蜂利用它们螯刺中的毒液麻醉对手，然后将昏迷的、没有攻击性的对手拖入巢穴中供幼虫食用。

　　该目下其他昆虫群体对幼虫的抚养照料同样令人印象深刻。姬蜂会将卵产在特定的宿主身体里（大多情况下是昆虫），幼虫就在宿主的身体里生长发育。而雌性胡蜂会将蜜汁和花粉运入自己的巢穴，像蜜蜂一样不断收集开花植物以及被麻醉的猎物，供养幼虫成长。

　　毛翅目（Trichoptera，大约七千种）和鳞翅目（Lepidoptera，大约十五万种）之间有着很近的亲缘关系。这表现在它们类似的体形上：毛翅目的成虫看起来和小的飞蛾十分相像。不过，鳞翅目昆虫的身体，包括翅膀，都密被鳞片；而毛翅目昆虫的身体表面则布满毛发。

　　毛翅目（见图5）幼虫生活在不流动的淡水中。它们能建起一个箭筒状的外包围来圈住自己，这也是德语中称之为"箭筒飞虫"的原因。这个箭筒的材料各异，可以是砂石，可以是植物枝蔓，每种毛翅目昆虫看来都有建设自己移动巢穴的独门绝技。有了这个箭筒状的移动巢穴，它们就可以在巢穴的前端向外观察，四处走来走去，寻找土层下隐藏的食物。成虫很少进食，即使进食，至多是舔少量水和植物汁液。成虫飞行得也十分少。部分种类的成虫会大量聚集在某个有着特殊地貌的地方，参与聚集的成虫要么全部是雄虫，要么是雌雄混杂。这种聚集主要是为了寻找交配伙伴时方便。

　　蝴蝶成虫的一个显著标志是，其吸吮的喙有着不同寻常的长度。在休息时，喙会举起来放在头部长长的毛发之间，进食时则会伸展开去。更具有标志性的是，蝴蝶的身体表面，包括翅膀在内，都遍布一层鳞甲。蝴蝶颜色五彩斑斓正是源于这一层鳞甲：蝴蝶身体上的红色、黄色和棕色是由于色素在鳞甲上的沉积；而那些闪着金属光泽的亮丽颜色，如金属灰和金色，则是来自于干扰色，是由于光线照射到结构极其复杂的蝴蝶鳞甲后而产生的折射，从而生成这些特殊光泽的颜色。

　　根据蝴蝶出外活动时间的不同，人们会将其分成两个群组：昼出性蝴蝶和夜出性蝴蝶。当然，这种简单的分类无法显示蝴蝶不同种类间的亲缘关系。豹纹蝶、灰蝶科、凤蝶以及弄蝶均为日出性。一般来说，日出性蝴蝶都以视觉作为最重要的感官，通过颜色来识别交配伙伴。为了能够飞行，它们的身体需要一个较高的温度，所以它们会立在阳光下，完全伸展开翅膀，最大限度地接收太阳照射的热量。夜出性蝴蝶一般主要在前半夜十分活跃，白天则会隐藏在一个地方，或者利用自己的保护色，停留在某个背景和其颜色图案相近的地方。嗅觉是夜出性蝴蝶最重要的感官，不管是用来寻找食物还是交配伴侣。视觉则退居于嗅觉之后，是第二重要的感觉器官（夜间开花的植物往往有强烈的气味，而且有更强的色彩强度，可是由于没有阳光，无法展现颜色本身）。

　　不同种类蝴蝶的飞行能力迥异。有着宽大、圆润翅膀的蝴

蝶往往不能长久地飞行。而有着狭长翅膀，且前沿边缘强硬的
天蛾，则飞行速度快、效率高，长久而有耐力。它们在采食花
蕊时，能长时间地以飞行姿态悬停在花蕊上空。生活在埃塞俄
比亚地区的赭带鬼脸天蛾，大量地从家乡飞越地中海和阿尔卑
斯山脉来到欧洲中部，而且是年复一年从不间断。

　　蝴蝶中的很多种类，尤其是夜出性的蝴蝶，其听器和蝗虫
类昆虫的听器结构类似，而在身体上的位置也多种多样：有的
是在胸部，有的是在腹部，还有的甚至是在翅基的根部。听器
的主要作用是来侦测田鼠，以及时避让。让人惊奇的是，蝴蝶
还有多种多样的发声器官：灯蛾的发声器官结构和知了的十分
相近，可以利用它来干扰田鼠身体内的定位系统；部分雄螟
蛾的发声器官位于翅基的根部，其发出的声响能够刺激交配伙
伴；不少形态迥异的蝴蝶都有着和蝗虫类似的摩擦发声器，估
计是通过发出声响来吸引雌虫；赭带鬼脸天蛾不安时，会在大
肠前端制造出唧唧的声音。

　　自然界完全变态的发展过程与规律在蝴蝶的身上可谓体现
得淋漓尽致。其幼虫，即毛毛虫，堪称一个进食机器。以蛹化
作为一个分界点，在其一生的各个阶段，它们总是不停顿地、
快速地进食，其食物以植物为主。在成虫前的各个阶段，没有
任何迹象显示出它们成年后会是一个什么样子：它们的身体上
既没有生出翅膀的预兆，也没有外生的生殖器官。只是在蛹化
阶段（飞蛾在蛹化阶段将自己包裹在茧壳里面），它们的身体

才开始发生深刻彻底的变化，变成成虫后的样子。其成虫和幼
虫之间在方方面面的区别泾渭分明，判若两"虫"！

蝎蛉（长翅目，Mecoptera，见图5）的种类大约有五百种，
是一个品类比较少的目。它们的头部向前延伸，人们很容易将
其和吸吮的喙相混淆。其实，它们前端的口器是地地道道的咀
嚼式口器。它们进食已经死亡的或者病弱的昆虫，有些（如蚊
蝎蛉科昆虫，Bittacidae）也会在飞行中攻击猎物，或者将前
腿挂在植物枝条上，伏击飞过的昆虫。其后腿进化成了折刀的
形态，能够击打猎物。蝎蛉下的一个分支——雪蝎蛉，则以其
别致的飞行季节引起人们的注意：秋季到早春期间，它们总是
在树林边缘风力弱的地方飞行；在化雪的季节，人们甚至能在
雪上发现它们的踪影。蝎蛉幼虫外形，近看起来和毛毛虫差不
多，大多生活在地面上或地面下，以苔藓类植物或者死亡的昆
虫为食。

跳蚤（蚤目，Siphonaptera，见图5）很可能和蝎蛉有着很
近的亲缘关系。不过，很难找到它们之间亲缘关系的证据（对
是否存在亲缘关系也至今存疑），因为寄生在鸟兽身体上的跳
蚤在进化中已发生了很大的偏移，成为一个十分特化的目。它
们有两千余种，体长大都在二到三毫米之间。其翅膀极其退
化，身体侧扁，体壁坚韧，体表多鬃毛，针状的刺吸式口器指
向后方。所有这些身体特征，都使得它们容易寄生在宿主的毛
发或羽毛中。很多种跳蚤都有着超强的跳跃能力（跳跃距离可

达三十厘米），尤其是那些寄生在奔跑速度快或者腿长的宿主身上的跳蚤，或者是寄生在那些宿主群居在较大空间的跳蚤（跳跃能力使得它们可以轻易地更换宿主）。

　　成年跳蚤吸血，它们并不挑选对象，会袭击各种各样的宿主。例如，吸食人血的并不仅仅是人蚤（Pulex irritans，很可能原本寄生在獾的身上），还有其他各种跳蚤：猫蚤（Ctenocephalides felis），甚至还有鸡蚤（Ceratophyllus gallinae，原本寄生在小型鸟的身上，直到鸡的家养驯化成功后，才出现在鸡的身上）。在宿主和跳蚤幼虫发育机会之间很可能存在着联系。跳蚤的幼虫体长一般不会长过五毫米，以地上的有机物质为食，往往就在成虫宿主的巢穴附近。所以我们经常发现，有着相似巢穴的不同种类的宿主身上会存在相同种类的跳蚤，或者同居一个巢穴的不同种类宿主身上，也会发现同样的跳蚤（例如兔蚤，同样会寄生在栖息兔子窝中孵卵的海燕身上）。跳蚤成虫的粪便中含有未经消化的血液，幼虫会在宿主停留处的地面上收集这些粪便——是自己重要的营养来源。

　　人们惊奇地发现，很多跳蚤都对宿主精神心理的变化十分敏感。比如，因为被宿主体内的性激素所吸引，人蚤更喜欢吸食妇女的血液。还有，一旦宿主被其他肉食动物攻击，其身上的跳蚤会马上逃离。这是因为，宿主被攻击后肾上腺素立刻升高，皮肤温度迅速降低。

　　有几种跳蚤因能传播疫病而恶名昭著（可惜人类也是在经

过了很长一段时间后才发现了这一点）。比如，狗蚤和猫蚤会传播蛔虫：跳蚤幼虫进食时吃下了蛔虫，成虫在被宿主咬碎时，其体内的蛔虫卵同时被吃进体内。

双翅目（Diptera）的昆虫可以分为两大类：一类是蚊（有着长而多节的触角，见图5中的尖眼蕈蚊）；另一类是蝇（有着短的、槌状的触角，见图5中的食虫虻和食蚜蝇）。常见的蚊子和家蝇是上述两大类的代表。双翅目昆虫的一个共同点是其后翅十分有趣的演变。其后翅完全特化成为一个棒翅（平衡棒），不再用以推动身体的飞行，而是被用来测量和比较身体的位置。看起来仍然在做飞行的拍翅动作，其实仅仅是在调整纵向的身体位置。飞行的动力虽然仅仅来自于前翅，却达到了极佳的效果：昆虫中飞行速度最快、最熟练的就是苍蝇，它们是昆虫界飞行艺术家中当之无愧的冠军！

双翅目是一个大目，有十二万种昆虫之多。其成虫各式各样，千姿百态。它们的食物全部是流质，或者是被其用唾液加工成流质的物质。有些舔或者吸吮植物浆液，如食蚜蝇和蜂虻，因此成为重要的协助植物授粉的传粉者。有些则吸血，因为它们只有在进食血液后才能制造卵子，如雌性的墨蚊和蚊科。上述两种蚊，不仅攻击人类，也在其他脊椎动物中寻找猎物，尤其是恒温动物。不过，它们也没有放过爬行动物和两栖动物。有一些则是目标专一的吸血者，例如舞虻和食虫虻，它们只在昆虫身上吸血。

　　双翅目幼虫的生活环境多种多样，多以巨大的数量群居，不少生活在水中或者地上（一平方米的森林土地上可以生活多达两万个幼虫）。大多数取食腐烂的有机质，有些则寄生在动植物上，比如，皮蝇寄生在有蹄动物身上。雌性皮蝇飞近宿主时，其飞行时产生的声音经常会引起动物的骚动。皮蝇则不为所动，一心一意完成自己的工作：跟着宿主，将卵粘或者喷射在兽皮上；或者将已经孵化的幼虫喷射到宿主的鼻孔中，随后幼虫会扎进鼻孔内的皮肤或者鼻黏膜中，并驻留在那里发育，也有一些幼虫会在宿主体内漫游。

　　不少种类的蝇的幼虫都有一个显著特征，即头部深刻演化后展现出来的现在的样子：它们头部的外壳完全在进化中消失，头部长入胸部；口器形成一对深色的口钩，这对口钩将营养物送入咽部。

第三章 ——— 身披盔甲却行动自如

甲壳和它们相互连接

昆虫的外壳（外骨骼）可以有效地保护它们免受外界的伤害。可问题是，身披这样一个盔甲，如何同时保证身体行动自如呢？例如，它们的腹部必须能在呼吸时扩展，而且还要能够延展和弯曲（如图6中的左图，展示了一只成年雄性蝗虫，在交尾时是如何在雌性蝗虫身体侧上方弯曲自己的身体，才能将自己腹部的阴茎插入雌性的生殖器中）。

如果我们仔细观察昆虫的外壳，会发现昆虫身体只有一部分区域是被坚硬的外壳覆盖的，我们称之为外骨骼。外骨骼之间由膜连接，这些膜可以弯曲、延展，从而保证了外骨骼自如地相互运动。

当然，这些膜的存在降低了昆虫对外界的防护能力。要更多的保护还是更自如的活动能力，如何选择呢？昆虫的进化过程给出了一个合理的解决方案：尽可能地减少膜，而且这些膜尽可能地分布在隐蔽的、不易受到攻击的部位。

需要说明的是，尽管这种进化处心积虑，还是有捕食者和寄生动物进化出了特殊的能力——利用昆虫柔软的膜的部位进行攻击。例如，寄生蜂（Lasiochalcidia pubescens）会故意引诱蚁狮 [蚁蛉（Myrmeleon formicarius）的幼虫] 对自己发起攻击，以便接近并将输卵管扎入蚁狮的头部，把自己的卵下在

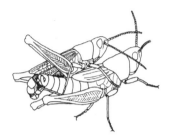

图6　左图：蝗虫在交配，上方为雄性，此图根据一个实景照片绘制。右图：一寄生蜂主动让一只蚁狮抓住自己，顺势将卵产到蚁狮的头部表皮中。

里面，见图6右图。

　　昆虫各个体区的膜十分不同。

整体骨化的头部和披上"盔甲"的腹部

　　昆虫的头部高度骨化，很可能由六个体节组成，互相之间融合成了一个整体，从而形成了一个完整而坚固的壳体。也恰恰因为壳体头部的坚硬，昆虫硕大的口器才能在咀嚼时得到强有力的支撑。因此，昆虫的头部是作为一个整体做各种运动的。

　　昆虫的腹部则完全不同：如图7所示，外骨骼只覆盖了其腹部和背部。这使得昆虫的腹部能自如地做出各种运动。体节、背部与腹部之间通过膜连接，这使得腹部能够伸展、弯曲。

　　因为有许多膜存在，昆虫的外壳看起来给人铜墙铁壁、无孔无缝的感觉。为了做到这一点，昆虫有自己的窍门。这个窍

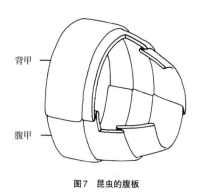

背甲

腹甲

图7 昆虫的腹板

门和古代骑士身上的盔甲是一样的原理：如同房屋的屋瓦，它
们的外骨骼的每一块掩盖在另一块的上面排列下来，这样，柔
软的、易受伤害的膜的部分就被遮盖起来了。

足上的关节

昆虫的长腿使得它们能够快速移动。可是长腿外面硬硬的
外壳（外骨骼）让本应该快速的移动变得艰难。昆虫是如何解
决这个问题的呢？昆虫的长腿由若干节组成，我们可以把每个
节想象成一根管子。因此，节与节之间的连接处必须要有一个
可以灵活转动的滑膜才成。这样的话，昆虫如何确保每个节达
成它想要的运动呢？

昆虫最常见的解决方法是采用铰链连接，如图8左侧图所

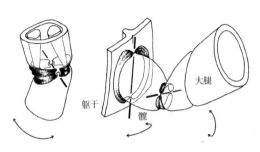

图8　关节示意图

示。两个节之间有两个对称的垫片。这两个垫片骨化完全，所以十分坚硬。它们对称地呈榫状嵌入对方的窝内。形象地讲，每个垫片如同一个机械上的球窝关节。而它们结合在一起，就形成了一个转向轴，控制身体远端的足节自如运动。

乍看上去，这样复杂的运动似无必要。即使是最普通的移动，昆虫都必须不仅上下，而且还要前后移动它们的大腿。比如，一只壁虎必须如此运动才能前进。而脊椎动物的解决办法就要简单得多：在它们的骨盆和大腿之间有一个球窝关节。昆虫足关节间的铰链连接，则显得复杂得多。

答案却出人意料的简单，昆虫的足关节类似于工业上普遍应用的万向节。在躯体和大腿之间，昆虫还有一个节，我们称之为基节。如同一个铰链，基节一方面连接了昆虫的躯体，一方面连接了其大腿，只是各自沿着一个成九十度角的轴。这

样，基节可以相对躯体做前后的运动，而同时，大腿可以相对
基节做上下运动。通过这个结构，昆虫足可以充分自如地运动。

神奇的连接材料

　　昆虫身体的覆盖物（泛称体壁，包括硬化的外骨骼和膜）
有一些鲜明的特性。它们形成的外骨骼十分坚硬，而关节处
的体壁却变得可以弯曲。体壁还可以减少身体水分的蒸发，防
止外来的侵害。我们对此当然会感到好奇：如此神奇的身体组
织，它们有着怎样的结构呢？

　　生态学家将昆虫的体壁称为角质层，泛指表皮的分泌物。
从技术层面而言，昆虫的体壁是一种起连接作用的组织，由不
同的物质组成。其中，大约一半是几丁质，这是一种广泛存在
于动物体内的物质。其余的绝大部分是各种各样的蛋白质，有
五十到一百种。

　　上述角质层的组成物质，其作用各不相同。几丁质主要用
于增强体壁的拉伸度，存在于体壁的各个层面中。在单个层面
中，它们是长条状并互相平行，而在层面之间，其方向则发生
改变。这看起来很像纺织物中的经纬线，这样的结构使得体壁
有很高抗拉强度的同时，却一点也不僵硬。

　　角质层在初期（如昆虫在蜕皮阶段，角质层会重新形成）是柔软的膜状物质，见图9左。角质层之所以随后变硬，是由于其他物质的加入——空气的进入促成了醌类化合物，很可能是醌类化合物将蛋白质分子连接起来，从而使体壁获得了必要的硬度。这个变化，可以在一只刚刚蜕化的昆虫身上清晰地展现出来。刚刚蜕皮的昆虫颜色浅，身体柔软。在一到两个小时内，它们延展身体，体壁得到充分硬化，才呈现最终的颜色。

　　令人惊奇的是，昆虫的角质层并没有完全硬化（我们称之为外骨骼化）。角质层的内表皮（Endocuticula）保持柔软，仅仅是外表皮（Exocuticula）硬化以保证角质层的硬度，而这通常是薄薄的一层。外表皮之上还覆盖着一层更薄的上表皮（Epicuticula），主要成分是蜡，用来防止水分的流失。这薄薄的上表皮使得昆虫在陆地上生活成为可能。

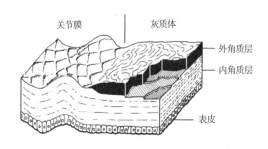

关节膜　　　灰质体

外角质层
内角质层

表皮

图9　表皮层的细致展示
图左部为膜化区域，图右部为灰质体，其比较硬的状态是通过外角质层的硬化而实现的。

第四章 ——— 昆虫的胸部：每秒扇动
五百次的飞行器

随时会坠落的飞行

　　动物界中，昆虫的飞行能力无出其右者。到目前为止，人类还远远没有弄清昆虫飞行的原理。我们对飞鸟的了解要更详尽些，飞机就是依据鸟类的飞行原理发明的。鸟类的翅膀是弧形的，这个形状能让翅膀上方产生一个负压，从而获得上升的驱动力。昆虫的翅膀却平平的如同一张纸（虽然会有些许褶皱，不过这主要是出于稳定的目的）。这样的翅膀如何能飞行呢？动物学家中曾流传一个拿工程师们开涮的段子：在20世纪30年代，工程师们曾经做过一个验算（后来被证明是错误的），得出的结论是：马蜂不可能飞行——不过谢天谢地，看来马蜂自己对此一无所知。

　　后来，空气动力学家们发现了当时工程师计算错误的原因。建立模型计算时，工程师将马蜂的翅膀假设成了一片完全扁平的物体。而实际上，由于马蜂以极快的频率扇动翅膀，应该以完全不同的方式建立计算模型才合适。

　　昆虫扇动翅膀的速度令人惊诧不已。每秒拍翅十到三十次的，已经属于昆虫中的慢性子了（仅此速度，我们人类的手就已经无法企及）。通过对昆虫中的飞行能手，尤其是膜翅目和双翅目，进行测量，人们得到了难以置信的数字：每秒扇动翅膀四百到五百次的不在少数，有的竟然能达到每秒一千次！

此外，从昆虫的翅膀纵轴线观察，其复杂程度也让专家感到惊叹。当昆虫向下拍翅时，翅膀底面向下，这没有什么特别。可是当翅膀达到向下拍翅的尽头时，翅膀竟然完全翻转过来，也就是说，当向上拍翅时，昆虫的翅膀底面竟然是向上的！直到翅膀达到向上拍翅的终点，翅膀又重新翻转过来。

专家建立了模型来还原这一复杂的运动。直到这时人们才发现，这个运动产生了意想不到的空气流体效应。比如，当昆虫向下拍翅时（这时的运动方式看起来比向上拍翅容易理解得多），按照模型的计算，昆虫本应该处于几乎坠落的状态，但昆虫翅膀上方的前缘此时产生了涡流。尽管由于涡流中气体的快速运动产生了一个向上的推力，但其持续时间很短。我们都知道，飞行员对于涡流，如同魔鬼之于圣水，避之唯恐不及。因为产生后的涡流会很快消失，这时机翼上方的气流由于惯性无法跟随，导致向上的推力消失。昆虫的情况则不然，由于其极快的拍翅频率，在这种情况出现前，它的翅膀早已经达到了向下拍翅的终点，并迅速翻转了翅膀！这个举动不仅避免了坠落，反而产生了额外的推力。如同一个下部被斜切的网球，昆虫翅膀上方将空气向下拉动，并因此让自己飞行得更快。

大锅小盖——飞行器的结构

　　昆虫如此出色的飞行本领，必然有着不同凡响的翅膀结构。这么说吧，您尽管放飞自己的想象力，将昆虫的飞行本领联想到极致：在动物界中，昆虫的翅关节是最复杂的，翅膀的肌肉群是最强大的。

　　简单地打个比方，您可以将昆虫的飞行结构想象为一口锅，配着一个小小的锅盖儿。其中，昆虫腹部和侧面有翅膀的部分是锅，昆虫背板（指的是背脊所有骨化的部分）就是那个过小的锅盖儿。而翅膀就悬挂在锅盖儿的边上，因为这个翅膀太小了，它如同平铺在锅的侧面锅壁上。

　　实际情形当然有所不同：至少为了能沿纵轴折叠，昆虫翅膀不是平平地铺在上面。昆虫身体侧面有一个向上的翅关节头，和翅膀下部的一个凹进点对点地连接在一起。

　　这样，如果锅盖儿，即背板上下拍动的话，翅膀尖端就会以翅关节为轴，以和背板运动相反的方向做下上的拍动。这个结构的聪明之处在于：翅膀和背板的连接点与和翅关节的连接点之间，距离十分接近。这样，即使背板一个微小的位移就可以在翅膀尖端产生很大的振幅。

　　负责背板向下运动的是一组名为拉肌的肌肉群，它们布满下腹部，并沿着身体向下延展，这样，它们在收缩时就可以向下发力。为了说明昆虫的飞行机制是多么令人难以理解，我们在这里顺便提及，这个肌肉群中的一部分同时延伸到了昆虫的大腿上，完成腿部的运动，见图11左侧。这让人感到困惑：这些肌肉究竟什么时候在背板上发力，什么时候在大腿上发力？不过，可以肯定的是，它们不会同时发力，否则可怜的家伙就要在飞行的同时，大腿还要做出奔跑的动作，或者在奔跑时做出飞行的动作。

背板向上的运动（见图10右侧部分）就更难理解一些。我们知道，背板的前部、后部都有大而坚硬的、深入昆虫身体的硬片。在这些硬片之间是大簇的肌肉群，即背腹肌。背腹肌收缩时，拉动两个硬片接近，这样背板拱起，导致翅尖向下拍动。

令人惊讶的是，所有这些肌肉群并不直接发力于翅膀，而

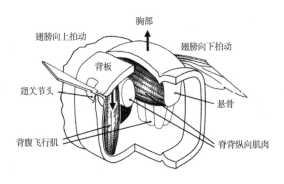

图10 昆虫翅膀运动机理

是将力作用于背板。我们因此统称其为间接翅肌。它们在昆虫身体上如此大量且大范围地分布，自有其道理：它们必须释放大量的能量。让我们试着将昆虫的翅膀想象成一个双臂连杆，它围绕着翅关节头转动，这些肌肉群的发力就完全集中在了连杆臂上。不仅如此，实际上只有这样才能通过很小的移动而驱动背板。这样的话，肌肉群只需要很微小的收缩即可，而这恰恰是完成肌肉群高频动作的必要条件。

　　这个锅与锅盖儿的比喻还不能解释很多问题。比如，当锅盖儿向上运动时，是什么力量将翅膀保持在锅的侧壁上（它本来是松松地挂在那里），让它能战胜空气的阻力？在拍翅时，翅面是如何变化的？（您还记得我们当初那个比喻吗，下面被削掉的网球？）

　　探究这些机制，需要研究很多繁复的细节，很难一目了然。尽管如此，我们再看一个昆虫的杰作吧——飞行换挡。

　　杰出的飞行艺术家——昆虫，在翅膀下面有一个凹进（我们在前面提到过）。实际上，就在旁边不远的位置，稍稍靠近外侧，还有第二个凹进。如果翅关节头接入这个凹进，作用臂会微微长了一些。这样的话，尽管背板上拱和下拉的距离会增加，可是需要的驱动力却减少了。这让我们马上想到了汽车的第一挡位，而昆虫在启动飞行的时候的确就是利用了这个凹进。一旦它们进入正常的飞行，翅关节头就会重新接入更靠近身体的那个凹进。下一次您拍苍蝇时，想着看个究竟！

如何处理第二对翅膀？

昆虫进化过程中，其翅膀数量的演进引人注目。最初，很可能为了达到更高的飞行高度，在胸的前部和中部有两对翅膀。我们推测（因为看起来的确如此），开始的时候，这两对翅膀是相互独立拍动的。

现今的直翅目和蜻蜓目昆虫就保留了这一特征。从它们身上，看不到这样的身体结构对其飞行有负面影响。比如，蝗虫可以飞几百公里，而蜻蜓目的昆虫能在高速飞行中，以令人眼花缭乱的方式攻击猎物。

不过，那些进化中仅保留了一对翅膀的昆虫看起来更加受益（很可能是因为它体形小，而且能快速拍动翅膀）。很多昆虫仅保留了一对翅膀，而且很多有两对翅膀的昆虫，在飞行中将两对翅膀合二为一，当作一对翅膀使用。

所有双翅昆虫都只用前面的一对翅膀飞行，后面的翅膀不再负责产生飞行的推力。部分昆虫的进化没有那么激进、完整，比如臭虫或者膜翅类昆虫（见图11），它们仍然保留了两对四只翅膀。如同前面讲到的，它们将这两对翅膀联结起来当作一对来使用，同时拍动（比如，通过后翅膀的一系列牙状突起构筑前翅膀的对应凹槽），人们称之为功能性双翅。

膜翅类昆虫，以蜜蜂为例，别出心裁发明了自己的解决方法：它们的后翅十分小，而且形状和前翅相适应，使得它们看起来像是完整的一个翅膀。对于那些依靠观察翅膀数量判断昆虫种类的大学生，这经常成为一个难题。

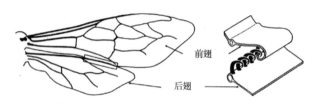

图11　左图：一只蜜蜂身体右侧的两只翅膀。右图：长方形表示两只翅膀，中间表示交接处，放大展示了翅膀交接的机理。

关于气管与其通风的难点

　　昆虫以气管进行呼吸，这是一个由充满气体的管子组成的复杂系统。昆虫身体侧面的表皮内陷形成气管，这些气管不断分支，通达全身的每个角落，最终以盲端封闭结束（见图12）。这些纤细的气管的终端贯通身体的各个组织——身体中任何一个角落近处都会有一个气管终端。

　　这和我们身体的呼吸系统截然不同：人类的肺是一个集大成的呼吸气管，氧气通过血液系统传输到全身。昆虫传输空气时，充有气体的气管末端只需要很短的距离，行举手之劳，实际上仅仅依靠扩散功能，就能将空气送到需要的地方。

　　昆虫的气管构造精细，值得我们去探究一番。从中我们会发现一个普适的道理：在动物的进化过程中，其身体构造经常要面对相互矛盾的需求，而最终的进化必然是一种妥协后的结果。

　　一方面，气管必须有足够的强度，才能不被周遭的体液压扁。对此，简单的答案是，气管壁应该尽量厚，而且有一定硬度。实际上，昆虫的气管外部的确包裹了一层角质层（我们称之为内膜。之所以是内膜，是为了与昆虫身体外部的覆盖物相区别）。可是，这层内膜会使空气交换变得困难。为满足这一要求，这层内膜又必须尽可能地薄。昆虫如何解决这一难题呢？

　　吸尘器软管的方式是昆虫给出的答案：气管的壁比较硬而且薄，但是在上面附着了螺旋状的、较厚的一层螺旋丝（das Taenidium）用来加固。这样，既满足了空气交换需要的薄壁，又因为这层螺旋状的外壁而不至于被压扁。

　　很多动物学家认为，昆虫的呼吸系统限制了它们的体量大小。昆虫长长的、以盲端结束的呼吸管的确很难满足较大的身体。至于不少昆虫能进化成目前这样的比较大的身躯，是由于进化过程中对呼吸系统在原始形态基础上做了不少改进。

　　本来，原始的昆虫体节之间各自独立，每个体节上都有相同的组织与器官。现今的昆虫中，只有很少种类保持了这一特征（有些是在其部分体节中保存了该特征）。而绝大部分的昆虫体内都有长长的、贯通整个身体的气管（见图12），连接各个体节中的侧向干气管，然后在身体前端和后端，通过气门接通外界，以保证空气在气管内的流通。

　　此外，很多昆虫的气管主干上会有膨大成囊状的气囊（见图13）。显而易见，它们能帮助昆虫降低在特定状况下的体重，比如某些飞行能手在飞行时的体重。不仅如此，气囊还能像一个风箱一样，交替膨胀、收缩，提高气体循环的效能。气囊的膨胀、收缩，有些由其附近的肌肉引发，有些则通过体液的流动。后一点，我们是在最近几年才有所了解，稍后会谈到更详细的相关内容。

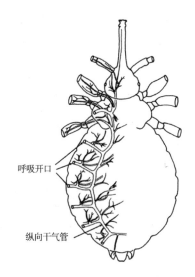

图12　象鸟虱呼吸管系统中较大的气管

呼吸开口

纵向干气管

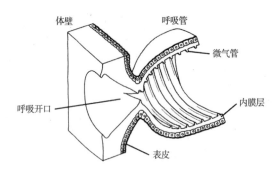

体壁　　　　　呼吸管

微气管

呼吸开口

内膜层

表皮

图13　呼吸开口处呼吸管的细化展示图

在水下的呼吸：利用大肠和通气管

　　气管是昆虫获取氧气的途径。可是，大量昆虫的幼虫和成虫生活在水中，它们如何呼吸的呢？

　　成年昆虫的相应解决办法类似于潜水员：它们设法在身体中存储空气。其身体表层有微细的毛，毛间会携带一层空气或气泡。其位置各异：可能遍布腹部，如水龟科的水生甲壳虫（见图14）；或者在鞘翅下面，如潜水甲虫；或者在腹部边际的沟槽中，如仰泳蝽。气泡在哪里，气门就会出现在哪里，以便从中吸收氧气。

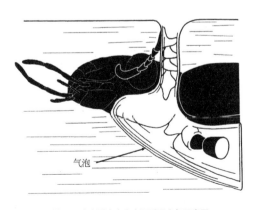

气泡

图14　水生甲壳虫在水面呼吸空气示意图

　　因为周遭氧气能将气泡中的一氧化碳和二氧化碳析出，存储的空气能支撑的时间要比我们想象的长。不过，过一段时间后，存储的空气必须要进行更新。这就是水生的昆虫隔一段时间就要浮上来，紧紧靠近水面的原因——它们的气泡需要接触外面的空气。潜水甲虫会将它们的尾部伸出水面，稍稍抬起它们的鞘翅。相反，水龟科的昆虫则会将头部紧紧贴着水面，折叠其触须，以便出现一个从尾部到腹部的空气通道。如果您曾经对其怪里怪气的尾部感到惊奇的话，您现在应该知道原因了——它们是为了获取空气。

　　水下生活的昆虫幼虫则更有想象力。比如，根叶甲虫会将尾部的根刺扎入睡莲茎中的导气管，将长有气门的尾部伸进去获取氧气，把别人的空气通道变成了自己的导气管。

　　有些昆虫会收集快速流动的水中产生的微小气泡，将它们集中到身体里特殊结构的地方并将其分配到全身。比如，潜水蜂科的蛹会在幼虫的最后阶段，唾液腺产生的分泌物形成丝线，然后这些丝线被织成比较松的带子，而这个带子将蛹拉到有水流的地方。

　　许多水生的昆虫幼虫会将其气管系统做一个彻底的改造。它们关闭了气门，取而代之的是，气体交换将通过它们的角质层和气管壁进行。不同的昆虫，这种气体交换可能发生在身体不同的地方。这些地方聚集着气管的终端，它们尽量靠近身体的表面，以便能让气体交换的路线尽可能地缩短。

　　例如，墨蚊科（Simuliidae）的气体交换遍布全身。而有些昆虫会将气体交换集中在某个特殊的部位，类似于鳃，因此我们称之为气管鳃。蜉蝣（见图15左）幼虫的呼吸部位变成了扁平的薄片，称之为腹腿；豆娘（见图15右）幼虫是三片平的薄片，拖在身体末端，我们在前面介绍昆虫时谈到它们的尾毛与尾须时已经介绍过。

　　蜻蜓幼虫呼吸的地方最为稀奇古怪——直肠。其直肠壁上有深深的皱褶，分布着纤细的气管末端。直肠中的排泄物也保存在这个地方。为了呼吸，它们需要通过肛门吸进和排出水（这就是说，蜻蜓幼虫必须做出决定，是想排便还是要呼吸……）。而且，蜻蜓幼虫还可以借此做逃离的动作：如果它们快速将水排出体外的话，它们的身体就能借助反作用力向前弹出，从而逃脱敌人的攻击。

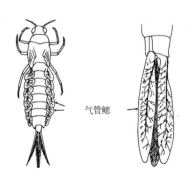

气管鳃

图15　蜉蝣幼虫的气管鳃（左）和豆娘幼虫的气管鳃（右）

第六章 ——— 血液通畅地流遍全身

看似简陋的血管系统

　　一个完整的血液循环系统在昆虫身上还"真心"地难得一见。至少从它们原始的结构而言，昆虫的血液循环系统由脊背上的心脏和一条向前延展的血管（背血管）组成。

　　我们绝不能将昆虫的心脏想象得类似人类的心脏。昆虫的心脏是一条柔软的、长长的管子，管壁是一层薄薄的括约肌（见图16），管中充满了血淋巴（我们称之为血液）。就是这层薄薄的括约肌，它的收缩沿着背血管形成一波振幅，从身体后方传导到前部，推动血淋巴的传输。

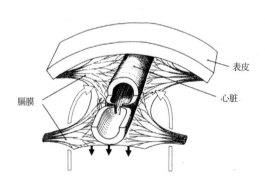

图16　昆虫管状心脏的截面图

背血管是管状心脏的延伸，一直通到大脑的附近。这样的结构，如果放在人类身上，完全是致命的：背血管在此就中断了，血液（血淋巴）就这样简单地流入了昆虫的体腔。从此开始，血向后流动，通过各个器官后，经过几对体侧的类似单向阀的贲门流回心脏。昆虫的这种血液循环系统，其实是所有节肢动物的，我们称之为开环循环。

乍看上去，这种系统给人没有条理、随机发生的感觉。不过，如果我们仔细看下动物界其他动物就会发现，只有在需要传送氧气的需求下，动物才会进化出一个完备的血液循环系统。而昆虫恰恰没有这个需求：尽管它肩负输送养料、激素和代谢废物的任务，但是必需的氧气的传输却并不在其中，因为气管系统担负起了氧气传输的任务。

心脏的帮手

昆虫的血液循环系统给人简陋的印象。就此，我们无须为昆虫辩解，这是它们从祖先那里继承下来的，向来如此。对于昆虫身体细长的祖先而言，脊背上的一条简单的管状心脏应该已经够用了。不过随着昆虫的身躯变大，血液供应就相应地出现了困难，而对此，昆虫也给出了令人拍案叫绝的解决方法。

心脏下方的提升机

例如，如何将血淋巴送回心脏，成为了一个重大的问题。心脏必须能将血淋巴通过贲门抽回心脏。而将庞大身体下方的血淋巴抽回心脏，昆虫的管状心脏看起来完全没有这个能力做到。

昆虫的解决方案让人想到动物界一个广泛存在却又令人费解的现象：有一些结构，它们外形相似、功能接近，却出现在完全不相关的物种上，我们称之为生物的相似性。

为了将血淋巴送回心脏，昆虫发明的解决方案和哺乳动物将空气送入肺部的方法十分近似。哺乳动物在胸腔后面有一个横膈膜。同样，昆虫心脏下方有一片强有力的、拱形的横膈膜。肌肉收缩时，这个横膈膜变得扁平，使得另一面的空间增大。由此产生的负压可以吸入所需要的物体——对于哺乳动物来说是空气，对于昆虫则是心脏周遭的血淋巴。

大腿上的隔板

对于昆虫（还有所有的节肢动物），还有一个严重的问题需要解决，那就是：如何保证躯体远端部位的血液流通，如附肢和触须？如果没有特殊的解决办法，血淋巴要么会从这些部位旁边流过，要么一旦流入后就会淤塞在那里。

节肢动物就此给出的答案各不相同。例如，螃蟹和蜘蛛通过动脉直接连通躯体远端部位，以输送血淋巴。

身体远端部位，如附肢，有空腔的昆虫在空腔纵向方向有一个膈膜，如同一个隔板将一个房间一分为二，将空腔分成了两部分。而该膈膜的顶端是开通的，成为一个通道。这样就形成了一个血淋巴流动的通路：从一段流入后，通过顶端的通道回流。而在入口处有一个小小的"泵"，我们称之为辅搏器，将血淋巴压入入口。

气囊变成了拉来拉去的风箱

直到最近，我们才开始对昆虫一个奇异而且非常复杂的功能有了了解：很多昆虫利用血淋巴自由流动的特性，对其气管系统进行彻底的通风。我们以绿头苍蝇为例来看一下。

绿头苍蝇在其腹部最前端有几个气囊（您还记得此前一个章节的标题吗?），紧挨着腰部靠下的部位。它们挡住了血淋巴在胸部和腹部间自由流动的通路。当心脏将血淋巴向前输送时，会在腹部产生一个小的负压。该负压让两个气囊膨胀，从而从连接的气门处吸入气体。与此同时，在胸部存在一个小的超压，将该处的气管收紧，从而排出气体。

稍后，绿头苍蝇的心脏做出了一个怪异的举动。心脏改变了施压的方向，从而开始在胸部位置吸收气体，并向后排出。此时产生的实际效果和刚才正相反：在腹部产生了一个超压，压缩了气囊；而在胸部则产生了一个负压，挤压胸部的气管张开扩大，吸进新的气体。

　　从最终效果来看，完全不同于我们此前对血淋巴传输的描述，血淋巴并没有流经全身，而是在身体的前部和后部之间被推来推去。这样，绿头苍蝇体区的前部和后部就得到了充分的吸气和排气。作为昆虫中最主要组成部分的完全变态昆虫很可能全部具有这一功能。该功能要求心脏必须能够改变搏动方向，而且，除去其他条件，其心脏的后端必须有通口。

第七章 ———— 聊聊昆虫的感官世界

与众不同的眼睛

昆虫头部两边的两只大大的多面眼睛（复眼），在动物界（不包括节肢动物）中独一无二。和常见的透镜式眼睛不同，昆虫的复眼由很多单眼（Ommatidien，见图17）组成，每个单眼都是透镜式眼睛。所以复眼的表面呈现独一无二的多平面的形态，这也是其名称的由来。[译者注：复眼的德文为Facettenaugen，Facetten为多面的意思，Augen为眼睛（复数）。而复眼的中文名称大概源于对其英文名称（Compound eye）的翻译。]

一方面，复眼的三维空间分辨率不高，只能达到我们人眼的大约八十分之一。另一方面，一些昆虫，比如食虫虻科和蜻蜓目，却可以准确追踪飞行中的昆虫，并在快速飞行的状态下对其发起攻击。其原因是复眼的时间分辨率之高是我们人类无法企及的：复眼能读取每秒二百五十帧的图片！而我们人类的眼睛，只能读取不到每秒二十帧。我们观看的电影就是以每秒二十五帧的速度播放的，对于人眼和感官来说是完全连续的画面。而这个速度的电影，如果让昆虫来观看，会是多么无聊啊！它们看到的是一张接着一张彼此间断的图片，在图像更迭前是漫长的间隔！

还有一些奇怪的事情：一些喜欢遨游在花朵之间的昆虫，如膜翅类昆虫和蝴蝶，却无法辨别红色光线！取而代之的是，

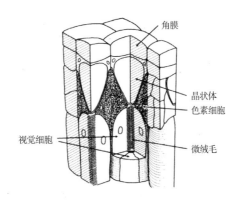

角膜

晶状体

色素细胞

视觉细胞

微绒毛

图17 并列像眼的几个小眼

它们对紫外线十分敏感。

乍看起来，这个现象令人费解：我们明明观察到，这些昆虫喜欢在红色的花朵之间飞来飞去。人们费尽周折才对昆虫的色彩世界有了了解。原来，如果我们借助特殊仪器观察紫外线充斥的环境，一切和我们已经习惯的世界截然不同：很多人习以为常，外观毫无二致（包括红色）的花木，在紫外线的世界里变得截然不同，互相之间凛然有别。昆虫可以轻而易举地识别它们，也因此而停留在上面，并且完成授粉的任务。人们推测，花木颜色的进化和昆虫眼睛颜色识别能力进化之间，存在着密切的联系。

昆虫色彩各异的复眼经常令我们感到好奇。双翅目虻科昆虫色彩斑斓的眼睛大概是其中最美丽的，它们的复眼上充满了闪耀的、斑斓的色彩。

　　这可能是它们截然不同于其他同类的一个标志。不过，近些年我们了解到，这个五彩缤纷的复眼还有着特殊的用途。彩色的复眼实际上起着滤镜的作用，能过滤掉某些特别的颜色，比如花叶、树叶的绿色。那些在花丛、树丛中寻找配偶的昆虫，可以过滤掉背景的颜色，轻而易举地发现异性彩色的眼睛。

　　也许最令人感到惊奇的是，尽管复眼由无数个透镜组成（最多可以达到三万个！），却能完成一个单独的、连贯的成像。依照光学原理，就是说，每个小眼都能在其透镜后面呈现一个外部环境的完整的、倒立的成像。

　　我们最好来仔细看一下复眼的结构吧。相比较而言，也许以并列像眼为例会比较简单些，它们常见于日行性昆虫。

点对点对应成像的透镜

　　组成并列像眼的每一个单眼（见图17）外层包围着一圈色素细胞，防止进入小眼的光线互相干扰。这个结构，也同样应用在透镜模式的眼睛。感光细胞在内部互相连在了一起。

　　一个单眼的感光细胞（通常是八个）呈环状分布。这些细胞外形狭长，其指向中心的边沿有指状突起的微绒毛，内含的角质中有色素，需要被识别的光线进入这八个感光细胞中。

　　单眼外层包裹的阻挡光线的特殊结构，就是为了完成这一任务：角膜下面是晶状体，上表面呈尖形，用来导入光线。晶状体的侧面是色素沉着细胞。这样，如同任何一个透镜一样，通过角膜形成一个完全的、倒立的像素。晶状体只在顶端尖的部位对外开有微孔，四周则包裹着深色的色素沉着细胞。这样，所有斜射进来的光线被吸收，只有平行于单眼纵轴方向的光线能够通过晶状体顶端开口进入感光细胞（见图18）。

这样，每个单眼对周遭环境中平行于其纵轴的一点进行成像。由于众多单眼的排列方向各自稍有不同，复眼就得到了一幅周边环境整体的图像。这个图像是由一个一个单独像素组成，其具体组成的形式取决于复眼中单眼的位置分布。

由此可见昆虫空间辨别能力不佳的原因。如果要提高空间

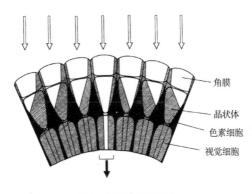

角膜

晶状体

色素细胞

视觉细胞

图18 并列像眼工作原理

辨识度，就不得不增加复眼中单眼的数量——可这样做的结果
会很糟：因为复眼已经占据了头部的大部分（复眼昆虫的眼睛
几乎占了头部的全部），已经不能再变大了。那么只能有一种
可能性，即减小单眼的体积。而单眼变小的话，其角膜也要相
应缩小，导致其本来已经很弱的光感会进一步减弱。

领先人类的眼睛：辨别偏振光

　　昆虫的复眼还有一个超常功能。人们在很多昆虫身上发
现，它们可以感知偏振光的传导方向。

　　太阳光和灯泡发出的光不是偏振光，它们的光波在斜交于
光矢的各个方向上传播。而当它们照射到水面上，反射的光
线，根据入射水面角度的不同，却会以一个特定的角度传播，
这就是偏振现象，偏振光只是在一个平面上传播。摄影师在拍
照中会利用这一点，比如，当摄影师希望避免橱窗玻璃的反光
时，会在相机上调整滤镜，过滤掉他不想要的反射光线。

　　复眼中的一些感光细胞能感知偏振光的传播平面。它们是
如何做到的呢？人们给出了如下的解释：色素细胞是一个长条
状的分子，能吸收同其纵轴同方向的光线。在普通的感光细胞
中，色素细胞的位置没有固定的规律。而能感知识别偏振光的
感光细胞中，色素细胞则互相间平行排列，并平行于微绒毛的
纵轴。当进入这些感光细胞的光线以特定方式振荡时，它们会

被"激活"。当几个这样的感光细胞（通常是在数个相邻的单眼中）被"激活"，并且都指向微绒毛指示稍有区别的振荡方向时，昆虫就能确定偏振光的振荡方向。

这种能力对昆虫有什么帮助呢？我们以蜜蜂为例，出去觅食的蜜蜂侦察兵通过特殊的"蜜蜂舞蹈"通知其他蜜蜂——以太阳定位的某个地方存在食物。而此时，恰恰太阳被云块遮住了。现在昆虫需要的只是天空中的一小块蓝天就可以了。因为蓝天发出的光是偏振光，其偏振面和太阳的位置相关。蜜蜂据此就可以推算出太阳的方向，出发寻找食物。

对于水生昆虫，如仰泳蝽和龙虱，只要能感知到偏振光的存在就已经足够了：当它们外出寻找一片新的小池塘时，水面反射的偏振光会告知它们，自己已经到了目的地。昆虫收藏者经常会在玻璃温室的幕墙下淘宝，因为他们知道，昆虫经常会循着玻璃的发射光（偏振光）俯冲过来，全速撞到玻璃幕墙上后掉落在地上，乖乖地躺在那里——昆虫进化中可没有料到人类的这一手。

昆虫进化遵循了这样的原则：功能性的结构改变只是出现在确实需要它们的地方。遵循这个原则我们就不会感到奇怪，为什么能感知偏振光的感光细胞只是存在于蜜蜂复眼的上部，而仰泳蝽只是在其复眼的下部——因为这些部位恰恰是它们能施展身手的地方：对于蜜蜂而言是天空，而对于仰泳蝽，则是眼下的池塘。

身披甲壳却能感知外部世界——通过毛发

乍看上去，我们禁不住要对昆虫表示好奇：它们是如何触摸、闻到外部世界的味道的呢？它们身上披着厚硬的外壳，看起来根本没有可能做到这些。不过，昆虫什么时候让我们失望过呢。没错，它们又一次找到了解决问题的方法！而且，从它们的方式来看，身体外面硬硬的盔甲根本没有影响到它们。而且，它们恰恰充分利用了外壳的特性。

眼睛测量速度，用肚子来称重

昆虫身体表面布满了无数的硬毛，它们能够传递感觉，所以被称为毛发感觉器。很多毛发是通过一个关节和身体相连，毛的底端是能感觉刺激的神经纤维——树突。当昆虫的毛受到触碰等刺激产生位移，树突被挤压，并将信号传递出去。动物学家称之为机械感觉器。

那么，机械感觉器是不是只能让昆虫做出简单判断，自己是否被抓住了或者撞在了什么物体之上呢？这样的推测是错误的。机械感觉器弯曲的原因会多种多样，而昆虫能据此推断出不少的情形呢。

比如，蜻蜓目的昆虫能通过这些特殊的机械感觉器找到自己的配对对象。当雄虫希望交配时，会用身体后部有力的尾铗夹住雌虫的颈部。只有当雌虫的毛状感觉器受到刺激诱惑时，雌虫才会接受雄虫这样做。此时，雄虫的尾铗才能稳妥地夹住。雌虫通过这一举动保证了交配只能在同类中进行。

昆虫还可以利用毛发感觉器来测量飞行速度。例如，在蜜蜂复眼表面、单眼之间有毛发感觉器。这些毛在飞行时会因为逆向风力而弯曲，蜜蜂就此来测量自己的飞行速度（至少是相对于周遭流动空气的速度）。

蟑螂和蟋蟀的尾须上有着长长的、极容易弯曲的毛发。利用它们，蟑螂和蟋蟀能听到声波，因为声波会让这些毛发发生弯曲。

毛发接收到的不仅仅是外界的信息。由于很多关节的附近有机械感觉器，当身体部位变动而碰到这些关节时，机械感觉器就会接收并传出这些信息，通报关节的位置。几乎所有的昆虫都具有对重量的感觉：身体某部位和身体相连的部位的尾毛就会感知、判断其重量，例如通过昆虫颈部的尾毛来感知昆虫的头部重量。

昆虫的重量感觉装置中，最精妙的莫过于蝎蝽科的水螳螂幼虫了。它有着长长的身躯，生活在水中。其腹部有两条纵向的槽，其上分布的毛（非传感）作如此分布，每个槽中产生一个储存气体的小气泡。这个气泡的作用如同水准仪中的气泡来回在长槽中移动，从而挤压不同位置的毛发感觉器，使它们弯曲以传感位置。

通过触须闻味道，用脚来品尝

昆虫同样用触须来满足嗅觉、味觉的需要。担当此重任的当然不是那些位于身体表层的毛。其工作原理是这样的：神经元细胞的树突将气味等传导到轴突，细胞壁上有气孔，这样刺激性气体就此达到了触毛的内部，并最终在树突的表面激发一个反应。

这些感受味道的触毛，人们称之为化学感受器。它们在昆虫的生活中扮演着十分重要的角色。相对于人类而言，昆虫生活中的很多事项都要依靠味道和气味的指引。

感觉气味的触毛大量分布在昆虫的触须上（见图19），其中很多能定向地感觉特殊气味。通过它们，很多昆虫能找到自己心仪的食物。例如马苍蝇和葬甲虫在产卵时，能通过气味判定一块腐肉是否适合它们将要出生的幼虫；幼虫以粪便为食的屎壳郎则能远远地根据气味判断一摊粪便的状况；蜜蜂会根据花朵散发的气味来进行选择；蚊子则对高浓度的二氧化碳（下嘴对象呼吸时排出的）十分灵敏，它们据此判断是否有可供下嘴的合适对象。蚊子同样对丁酸十分敏感，哺乳动物的汗液中含有丁酸。它们甚至对雌性荷尔蒙反应敏锐（这也是蚊子钟爱女性甚于男性的原因）。

大量的昆虫通过气味来发现它们交配的对象。雌雄昆虫的一方会释放出引诱交配的特殊气味以吸引另一方。大部分情况下，是雌性昆虫（如蝴蝶）释放某种特殊气味，有些则是雄性

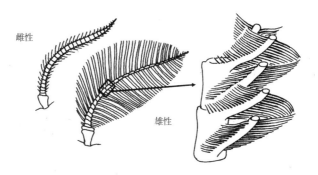

图19　左图：雌雄天蚕蛾的触须。雄虫的触须要比雌性的大得多，上面的化学感受器数量也远远多于雌性，这有助于雄性寻找雌性配偶。右图：雄性鱼篓状的化学感受器能高效地分辨通过的气体。

（如甲虫）。因此，当我们发现，接收气味一方的触须经常会远远长于另一方时，我们就不会感到奇怪了。因为这样触须上就可以容纳更多的感觉单元，以加强对气味的接收辨别能力。

　　群居的昆虫主要依靠化学性的信息物来相互沟通。蜜蜂在花朵间采蜜时会在身体后部尖端的部位释放某种气体，或者在回家进入蜂巢前，引人注目地翘起自己的后部（蜂农称之为翘尾）释放某种气味，以便给其他的蜜蜂指路，蚂蚁会用气味告诉其他的伙伴，食物藏在哪里。蚂蚁通过释放不同的气味，还可以告诉同伴是不是要回家保卫蚁穴，或者蚁穴是否需要维修。对于群居的昆虫，我们目前掌握了至少六十三种腺体，能通过分泌物传递复杂的信息。

最近的研究成果表明,味道很可能在昆虫的生活中扮演了重要的角色。味道之于昆虫的重要性,很可能要远远超过其他动物。昆虫看来远远不止于通过味觉物质辨别食物的状态。

比如,在求偶期间,有些昆虫通过味觉物质来吸引交配伴侣。以囊毛萤科昆虫为例(见图20),雄性会在求偶的时候将身体的某一部位伸向雌性(具体部位因种类不同而各不相同),该部位上腺体分泌的物质味道会强烈地吸引雌性。另有一些昆虫则靠味道来保护自己:它们会用自己身体分泌的特殊味道的物质来"贿赂"敌人。一个众所周知的例子是灰蝶科昆虫幼虫(见图21),它们在腹部的腺体能分泌含糖分的物质。蚂蚁十分喜欢这种味道,会因此而保护灰蝶科幼虫。一些蚂蚁会将这些灰蝶科幼虫拖入自己的蚁穴加以保护,甚至允许它们吃掉自

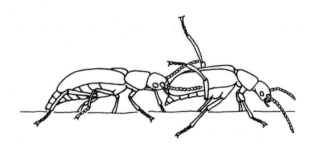

图20 交尾中的囊毛萤科昆虫

右侧的雄性所处的位置,恰好能将自己排出的味觉物质(一种使得雌虫兴奋的物质)传递给雌性。

己产下的卵。

　　我们可以肯定，昆虫身体表面有一层浓稠不易流动的物质，根据昆虫的种类而各不相同。根据这些物质（以及气味），昆虫能轻而易举地识别自己的同类，有时甚至能识别出是否和自己同处一个巢穴。只有被识别出是同一巢穴的昆虫才能进入巢穴，否则会被撕成碎块。能做到这一点的前提是：昆虫能够互相触摸，而关于味道物质的信息能被传递。实际上，例如在蜜蜂和蚂蚁的身上，人们就发现了这一点：无论何时，它们相遇时会不断用触须触碰对方，而它们的触须上则布满了相应的味道接收器。

　　味道感觉器在昆虫身体上的分布之广，远远超过了脊椎动物：它们分布在任何可能和味道物质接触的地方，不仅仅限于

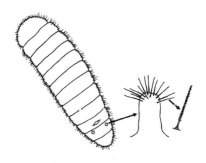

图21　左图：灰蝶幼虫。幼虫被蚂蚁触碰后，其腹部第七体节上的蜜腺分泌的含糖和氨基酸的物体，是蚂蚁十分喜欢的食物。其后面的两个香腺会在遇到蚂蚁时向外翻出，释放出警告性的气味，使得蚂蚁处于防御状态。右图：变大的香腺和其上的毛发。

附肢或者触须，甚至会出现在昆虫的脚上。也正因为如此，蜜蜂和食蚜蝇能在落到花朵上的一瞬间就判断出自己是降落到了正确的地方，还是要继续尝试。

关于感觉器以及甲壳的移动

不管昆虫如何移动自己的身体——它们体外的一片片甲壳之间肯定要进行相互的运动。相邻的甲壳，或者是在运动中互相靠近，或者是相对离开。如果您是这么想的话，您就猜对了：昆虫就是利用这种甲壳间的相对运动来感知身体的运动的。

在昆虫体内，介于甲壳之间，分布着大量的伸展开的感觉组织。当甲壳之间相对离开时，这些组织会被稍稍地撑开（见图22）。我们称这些感觉组织为感受器。以前，我们将这些感受器，和毛发感觉器一样，当作相互独立的感觉器官来看待。如今我们明白，这些感受器和深入昆虫身体内部的感触器没有什么不同，只不过不再通过毛来感知而已。（生态学家对此感到高兴，因为他们总是试图将生物追本溯源到少数几个源物种。这其实就是进化论的核心观点。）

我们前面提到讨论毛发感觉器时，对于能被昆虫识别信息

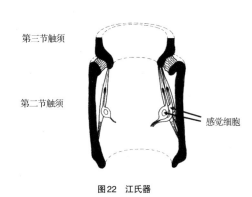

第三节触须

第二节触须

感觉细胞

图22　江氏器

的多样性感到吃惊。现在，感觉器会让我们再次感到吃惊。有
关感觉器的功能，昆虫第二节触须给我们提供了两个范例。昆
虫在此处有大量的感觉器，它们组成了特化程度较高的江氏器
(Johnstonsche Organ)。它们拉动第三节触须的根基，并借此
测量第二节触须相对触须其他部分的倾斜角度。

利用表面波作为回声探测器

在各种复杂情况下，水黾利用脚上的感受器来定向。人们
经常看到水黾在池塘水面上跳来跳去，却从来不会沉到水里。
它们是如何做到的呢？当水面有表面波涌来时，水黾充分地利
用了表面波：比如，它们据此能确定掉进水中挣扎的猎物（其
方向是通过感知传导的表面波时间延迟而确定的）。不仅如此，

水黾自己运动时产生的波动也在传递信息：在三至十赫兹之间的低频波是水黾在向雌性表白，有一只雄性水黾（它自己）已经准备好交配了。而八十到九十赫兹之间的高频波则是在发出警告，告诫另一只雄性不要试图进入自己的领地。

鼓甲（Gyrinidae）同样能在水面上自如移动。不过，它们并不像水黾一样是站在水面上，而是像一条小船一样，将自己的下半身沉入水中，恰好让触须的第二节能在水面上划水（见图23）。在鼓甲的第二节触须上有大量江氏器，它们能感知第二节触须和其他部分（须鞭）的弯曲角度。鼓甲的须鞭比较厚，呈现钟槌状。到来的表面波会托起鼓甲第二节触须，从而改变其和须鞭的角度，而此时须鞭保持自己的位置不变。

鼓甲下面的举动令人十分惊奇。它利用自身游动产生的波，完成了回声探测器的功能。返回的波是在告诉鼓甲，那里

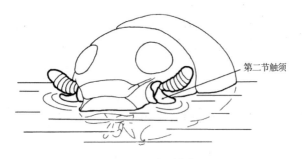

图23　游水中的鼓甲

的水面上有障碍物。这就解释了很久以前人们的疑问，为什么鼓甲在水面上行动迅速，却从来不会撞在障碍物上，即使是在很小的水族箱内也是如此。至于鼓甲能定位跌落水中猎物的雕虫小技，在此就不值一提了。

膝盖上的耳朵

我们刚刚讲到，昆虫身体蠕动引起体长变化，这个信号会刺激感受器。人们此前有所不知的是，这种长度的变化同样在昆虫的听觉中扮演了重要角色。

昆虫最常见的听觉器官是鼓膜。如我们所知，许多能自行发声的昆虫都有鼓膜，比如划蝽、知了、蟋蟀和蝗虫。不过，有些自己不发声的昆虫也有鼓膜，比如夜蛾。这当然对夜蛾有益，因为它们总是在夜里和黎明时分飞行，鼓膜能帮助它们发现田鼠，以便及时降落。

不同的昆虫，其鼓膜在身体的部位也各不相同。与我们的预料相反，没有任何一种昆虫的鼓膜会在头部：螽斯的鼓膜位于前腿膝关节附近（见图24）；蝗虫的在其腹部前区的侧面；而划蝽的则是其胸部第二段的前方。鼓膜位置的多样性说明了该器官在各种昆虫身上是独立发展进化而来的。可是，各种昆虫的鼓膜的构造却又完全相同——对于研究昆虫器官的学者而言，这是其中的一个未解之谜。

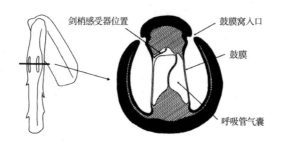

剑梢感受器位置　　　　　鼓膜窝入口

鼓膜

呼吸管气囊

图24　螽斯前腿近膝盖处的鼓膜听器

　　在鼓膜区，原本厚厚的角质层变成了薄膜状的听膜，能被声波触发而振动。在它下面的内部总是有一个很大的气囊，这样听膜就可以在体液的驱动下，毫无阻力地在两个气室间运动。接收听膜振动的接收器排列的形式，使得它们在振动时会伸展开。

　　不过，情况也并不总是如此，还有其他的方式。比如，雄性蚊子会利用第二节触须的感受器（见图25，我们此前提到过的江氏器）来作为听觉器官。其触须须鞭部分（第三节触须到最后的部分）上面密密麻麻布满了长毛。如果它们恰巧在一个标准音叉（四百四十赫兹）附近的话，音叉产生的声波会激发布满长毛的须鞭产生纵向振动，而第二节触须上的江氏器会马上接收到这个信息。

　　为什么会这样呢？因为雌蚊子飞行声波的频率恰恰是四百

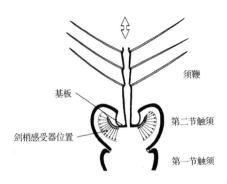

须鞭

基板

剑梢感受器位置

第二节触须

第一节触须

图25 家蚊有听觉功能的触须

四十赫兹！这样，通过听觉器，雄蚊子能马上确定雌蚊子的位置，通过触须！当然啦，雄蚊子自己飞行时的声波频率是不同的。

第八章 ———— 昆虫和植物：力量
悬殊的对手？

　　昆虫纲中以植物为生的目只是少数。其中主要是甲壳目、膜翅目、鳞翅目中的蝴蝶、双翅目，以及有喙目和直翅目。不过，恰恰这些少量的目下，汇集了数目巨大的昆虫种类。举几个例子：甲壳类已知有约三十六万种，其中三分之一以植物为生；十五万种蝴蝶的幼虫几乎全部取食于植物；双翅目含有约十二万种昆虫，其中三分之一种类的幼虫以植物为食。

　　长时间以来，我们以为植物只是在被动地遭受昆虫的取食与蹂躏。至于植物进化出奇思妙想对昆虫进行反抗，而昆虫则道高一尺魔高一丈地再反击，是人们逐渐才了解到的。在昆虫与植物之间——尽管充满了寂静和神秘——一直存在着不息的战争。

吸食浆液和建造安乐窝

　　昆虫从植物中获取营养的方式多种多样。很多昆虫采用最简单的方式，将叶子或根茎一口一口咬下来进行咀嚼。还有许多，其中很多是昆虫的幼虫，生活在它们的食物，即植物的体内。

　　小蠹科昆虫（见图26）则提供了一个例外，其成虫期也是在树木身体中度过的。小蠹科昆虫的雄虫先是搭建一个"婚房"，然后利用气味吸引雌虫进来。小蠹科的很多种类中，雄虫和数个雌虫交配。每个雌虫随后在"婚房"外单独做出一个坑道，并在坑道侧壁上间隔规律地产卵。幼虫孵化出来后，会从它们出生的母坑道出发，各自又挖出自己的一条路径。这样，在树皮下面就形成了一条条规则的、各行其道的"虫行道"。

　　很多昆虫的口器进化成了一个集针刺、吸吮为一体的、喙状的综合体，用它刺入植物的身体并从中吸取浆液。以吸吮植物浆液为生的昆虫中，大部分属于有喙目，例如蚜虫（Aphidina）、壁虱（Heteroptera）等。其目下很多种昆虫采用了一种十分有效率

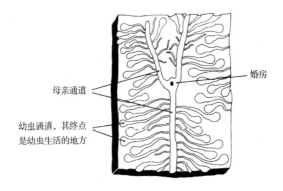

婚房

母亲通道

幼虫通道，其终点
是幼虫生活的地方

图26　松树小蠹在一块脱落的树皮上开发出的路径，中间黑点是雄虫挖入的地方。图示母亲通道是三个雌虫的通道。幼虫挖通道时，明显预留了通道间的空间。如果空间不足的话，幼虫无法完成发育生长。

的方式吸食浆液：它们将自己的喙扎入植物的维管束，维管束中总是流动着源源不断的浆液，为它们提供了不竭的营养素来源。

有些昆虫的采食方式则有些不同寻常：它们将幼虫放入叶子，并仔细地包裹好。这样，幼虫就可以在里面不受打扰地生活，并以包裹的叶子为食大快朵颐。还有的昆虫幼虫自己动手，丰衣足食。例如飞蛾（Gracillariidae）的幼虫，它们在叶子中吃了一段时间后，会用叶子将自己裹起来，然后将叶子卷起（有些种类会是几个幼虫一起来做），用自己分泌的丝线将其固定。丝线很快变硬凝固后收缩，连带被咬出的孔洞包裹成紧密的一团。

卷叶象鼻虫（Attelabidae）和锯齿象鼻虫（Rhynchitidae，见图27）在不久前还被归入象鼻虫目，目前已经被归入鞘翅

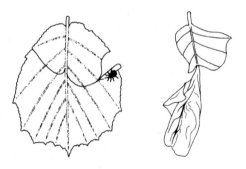

图27　左图：幼虫准备的树叶"摇篮"。右图：制作完成的"摇篮"，树叶尖部已经枯萎。

目。所有的卷叶象鼻虫科和部分的锯齿象鼻虫科昆虫，是由雌性昆虫独自为幼虫打理居住地。它们将叶子从一边咬开，并在中间叶脉上咬掉一部分，使得叶子的尖端逐渐枯萎。最终，这些叶子的大部分会掉落。雌虫会利用这些掉落的叶子的尖端部分，小心翼翼地为幼虫搭建一个舒适的窝。

瘿蚊科与瘿蜂科的幼虫获取营养的方式则十分复杂，而且让人匪夷所思。它们利用自己唾液中特殊的化学成分，使植物表面畸形生长形成虫瘿。然后幼虫钻进虫瘿，在里面生活，啃噬虫瘿为食。奇怪的是，即使是在同一植物上，不同昆虫生成的虫瘿也形态各异。

明哲保身的隐居生活

从植物外部吸吮营养的昆虫当然会面临很多风险与烦恼。其中最大的风险来自当它们进食时天敌的攻击。不过，昆虫也找到了保护自己的方法。

不少昆虫利用模拟自然背景颜色将自己隐身。这并不意味着一定是绿色。广泛被昆虫采用的是斑驳的颜色，如黑带二尾舟蛾（Cerura vinula，见图28）的毛虫。人们发现，如果剥离掉背景颜色，这个毛虫的颜色看上去十分不自然，有着不和谐

图28　夏末时，生活在杨树和柳树上的黑带二尾舟蛾的幼虫毛毛虫

的轮廓。而这恰恰是小毛毛虫的目的：它的身体在视觉上好像被切分成了一块儿一块儿的，从而减弱了天敌对它的辨别能力。

　　大量昆虫的隐蔽式拟态做得比黑带二尾舟蛾的毛虫要精巧得多。它们的整个身体模拟植物的某个部位，当它们静悄悄地卧在那里时，几乎让人无法辨别出来。比如，某些尺蛾（Geometridae，蝴蝶家族）的毛虫身体看上去像树木的一节枝杈。其身体呈褐色，上有花蕾似的隆起。当其静卧时，后腿紧抓住树木，从侧面看上去就像一节伸出去的树枝。

　　有些昆虫则博采众长，同时采用了上述的拟态方法。首先，它们尽可能用和环境相近的颜色隐藏自己。而一旦遇到危险，它们会突然向攻击者展示身体奇奇怪怪的花色来迷惑对手。夜蛾科的前翅颜色和花纹均拟态树皮，当其安静地停在那里时，几乎没有办法从背景中辨别出来。夜蛾科的有些种类，如彩裳蛾，会有颜色鲜艳的后翅膀，呈现红、黄或者蓝色，可以在瞬间张开，让敌人感到困惑。其艳丽的颜色，我们至少能在它们飞离时观察到。

为自己编织一个防护网也是不少昆虫采用的自我防御方式。它们在自己的周边编织一个茧，然后在其中生活，无忧无虑地大吃大喝。巢蛾（Yponomeutidae）甚至会几只联合起来一起织造。它们不断地在枝丫上将网扩展出去，整个树丛都会被覆上一层白色罩子，而它们则在整个夏天乐在其中。

难以消化的养料以及外来的帮助

植食性昆虫数不胜数。其实，消化这些养分对昆虫来讲，并不是一件容易的事情。比如植物纤维，它是组成植物坚硬体态的主要组成部分，昆虫的胃液根本无法消化纤维素。那么这些被辛辛苦苦咬下来的植物，会不会被浪费掉呢？不会，昆虫发明了巧妙的方法来消化这些多糖分子。

几乎所有的植食性昆虫体内，大多数情况下是肠子内的发酵室中，生活有外来生物（经常是特殊的细菌），这些细菌完成对纤维素进行的分解、利用。白蚁和蟑螂是近亲，它们消化纤维素的方式要更复杂一些。它们体内生活有特殊的单细胞生物，而且，人们只在它们体内发现过这些单细胞生物。单细胞生物体内含有特殊细菌，这些细菌可以将纤维素消化分解掉。

　　这些生活在昆虫体内的外来生物（这种现象被称为共生）还能提供植物养分所没有的物质——氨基酸（合成蛋白质必不可少的物质），以及一系列的维生素和酶。如果没有这些共生的外来生物，昆虫恐怕只能消化植物营养中的很小一部分。

　　顺便提一下，如果我们仔细观察下，这些共生体是如何代代相传的，会接触到昆虫发展史上激动人心的一个篇章。其多彩多姿的形态难以胜数。仅举一例：龟蝽科的雌虫（见图29）会在产下的卵之间放上深色的小球，里面是共生细菌。刚刚孵出来的幼虫不会立刻离开，而是首先喝光小球里面的东西，好像它们天生就知道，里面的东西对它们的生命有多么重要！

　　以吸吮植物浆液为生的昆虫面临一个难题：一些重要养分，如氨基酸，在浆液中的含量很低。以蚜虫和知了为例，它们都依靠喙切进植物吸吮浆液，这就面临着养分含量不够的问题。不过，一旦它们用喙切入植物的维管束，大量的浆液就会

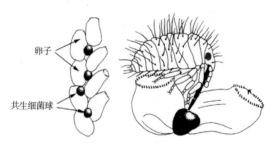

卵子

共生细菌球

图29　左图：卵之间的共生细菌球。右图：刚刚孵化的幼虫立刻开始吸吮共生细菌球。

源源不断地涌来。它们的解决方法很简单，那就是不停地吸吮这些浆液，直到获取到足够的稀有养分为止。

唯一的问题是：它们如何处理那些过量吸吮的浆液呢？最简单的方法是将它们排出体外。不过说起来简单，做起来难。不少昆虫，如知了，采用了一种比较费事的解决办法。这样，那些过量的浆液不需要经过肠子的中段就被排出体外。

知了的肠子中有一个短路搭接的装置（见图30）。肠中部看上去类似一个蝴蝶结的形状，这样肠后段可以很容易地搭接到肠前段。在这个位置有一个十分复杂的过滤腔，通过这个过滤腔，大部分的浆液被直接排入肠后段，不必走完整个肠道漫长的旅程。

随后，一滴滴地，这些浆液被从昆虫的肛门排出。由于只有大约十分之一的糖分被吸收，这些排泄物中富含糖分。这

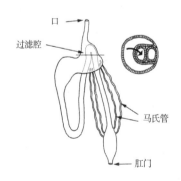

图30 知了的大肠系统简图

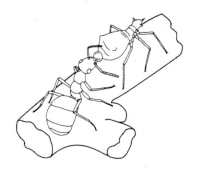

图31　一只蚂蚁正在一只蚜虫肛门处吃蚜虫排出的蜜露

些排泄物（我们称之为蜜露，Honigtau）是一大批昆虫心驰
神往的美餐。以蚂蚁为例（见图31），它们是如此热爱这个美
食，甚至会因此而收养照顾某些蚜虫，并为之和敌人战斗。其
实，我们人类也是此类美食的喜好者。味道很好的山林蜂蜜
（Waldhonig），就是由蜜蜂采集自大蚜科昆虫的排泄物！

无声无息的战争：昆虫和其进食的植物

　　当植物被昆虫啮噬时，它们不会张牙舞爪地反击。它们的
反击进行得细致缜密。

　　有些植物是在被咬食后采取措施的。例如，落叶松在遭遇

虫灾时，会在叶子中生成多种难以被昆虫消化的纤维。很多植物在被昆虫啃噬时，立刻在叶子中生成某些特殊的蛋白，用以阻碍昆虫在肠子中对其进行消化。

有些昆虫则会采取预防措施，阻止昆虫的咬食。人们已经在植物身上发现了数以十万计的、和其自身新陈代谢没有任何关系的化合物。这些物质的唯一目的，是植物用来对抗昆虫的侵入。

寿命比较长的植物，如树木和灌木，会通过复杂的过程制造出单宁，并将其覆盖在蛋白质上，让昆虫难以消化。而生存周期比较短的植物，如药草的体内，人们会发现生物碱、萜烯等容易制造的化合物。泛泛而论，这些化合物对生物体都有一定的毒性，当然也包括了昆虫。

尽管如此，昆虫还是照吃不误。这是怎么一回事呢？这就是自然界的生存之道：任何一种生物都无法完全地保护自己不被侵犯，因为总有其他的生物可以找到打破防护机关的窍门，这是每一种生物存在的天道，也只有如此，生物的存在与繁衍才能得到保证。

有时候，我们能轻而易举地发现昆虫是如何破解植物的招数的。比如，昆虫总是在春天咬食落叶树。那些能够在春天发育的昆虫，用这一个招数就轻松破解了落叶树的招数：此时的落叶树还没有能够在自己的体内制造出单宁。

昆虫其他的反击手段就要复杂多了。许多植食性昆虫体内有特殊的消化酶（我们统称其为蛋白，能够帮助消化营养物）。这些消化酶能中和营养物中的有毒物质，消除其毒性。在生物的进化过程中，这看起来像一场军备竞赛：当植物生成一种新的毒性物质，昆虫就会相应地开发出对应的消化酶，以抵消该毒性物质。这场军备竞赛的结果是，很多昆虫不得不变得越来越挑食，只能以某种特殊的植物为生，因为昆虫只开发出了针对该植物分泌毒素的解药。

在很多情况下，可能是共生解决了植物中有毒物质对昆虫产生的困扰。我们了解到，切叶蚁（Atta）在它的蚁穴中培育一种蘑菇。这种蘑菇，我们只在切叶蚁的穴中发现过，它们会在切叶蚁不同的蚁穴之间，甚至在不同种类的切叶蚁蚁穴之间被运来运去。为了保证自己获得无毒的食物，切叶蚁对蘑菇照顾得无微不至：它们不停地拖进树叶作为蘑菇生长的培养基。为了减轻蘑菇分解蛋白的难度，切叶蚁通过自己的粪便向其提供特殊的转化酶。该蘑菇可以消解纤维素，并能化解一系列的有毒物质。如此，切叶蚁能够无忧无虑地啃食蘑菇，得到无毒、营养齐全的美味。这样的共生现象，明显已经持续了上百万年。

植物毒素被昆虫挪作他用

昆虫看起来无所不能。所以，当我告诉你，昆虫能利用植物毒素为自己谋利，你应该不会吃惊吧？不管是出于什么原因，昆虫能在身体内储存植物的毒素，自身不会受到伤害，而且，也因此使得自己对天敌来说不再是可口的食物。

惯用此种伎俩的，众所周知是叶甲虫（Chrysomelidae）。它们啮噬草，吸收其中的水杨苷，并将其转化为水杨醛。水杨醛是一种抗体，叶甲虫的成虫和幼虫都能从中受益。

热带地区的灯蛾（Arctiidae，属蝴蝶家族）尤其令人印象深刻。它们在幼虫时期通过咬食植物获得吡咯双烷生物碱，并将其保存在体内。它们获得的该物质浓度之高，在其雌雄成虫身上依然可以表现出来。雌虫甚至会将该物质传给自己的卵——当然是出于对卵的保护目的——同时，雌虫还会在交配时从雄虫那里获得一种生物碱。

其成虫中该生物碱的浓度取决于其幼虫时期存储生物碱的多少。对于雌性成虫而言，与其交配的雄性体内的生物碱的浓度当然是多多益善。那么，它如何找到一个含高浓度生物碱的雄性成虫呢？对这个问题，灯蛾给出了聪明的解决办法：由于难以了解的、神秘的原因，有高浓度生物碱的雄性灯蛾能分泌更多的诱导交配的物质。这样问题就变得简单了，雌性灯蛾只需要循着最强烈的味道，就能找到雄性伙伴，并心满意足地发现，它产下的卵能有着最强烈的毒性，也就是说，它的下一代得到了最大限度的保护。

看到这里，也许有人会认为，灯蛾的一生可以高枕无忧了。才不是呢！有些茧蜂科昆虫专挑灯蛾毛虫，并将卵下到灯蛾毛虫的身体里面，以便将来的幼虫能以其作为食物。让人啼笑皆非的是，茧蜂科恰恰是循着毒性生物碱散发的气味找到灯蛾毛虫的。

我们也许会认为，生物进化的过程遵循着"尝试，失败，再尝试，再失败"的模式。而实际上，生物进化带来了多种多样的改变与适应，这些适应往往带有强烈的目的性。因此，我们可以预期并判断，恰恰是那些身怀毒素的昆虫，它们不会试图掩盖这一点，而是要将自己的毒性昭告对手，对它们提出警告。

事实上也的确如此：那些身体含有毒素的昆虫，有时甚至是它们的卵（如我们刚才叙述的灯蛾如何将毒素代代相传）都会呈现出强烈的、引人注目的颜色。对于单个生物个体，当它们遇到一个毫无经验的天敌时，这也许派不上什么用场。不过对于群体而言，它的天敌会吸取教训，不再轻易攻击这些颜色鲜艳漂亮的家伙，由此，这个种类就会在生存竞争中多了一个保障。

帮人就是帮自己：授粉

通过到此为止的描述，您也许会得出一个结论：从植物的角度而言，它们完全是一个被动的自卫者——昆虫咬食它们，它们进行反击。不过，至少从一个方面而言，植物利用昆虫完成了自己的一个使命。作为交换，它们提供给昆虫花粉（富含蛋白质）与浆液（实际上就是糖水）；而昆虫则用授粉作为回报：当昆虫停留在花朵上时，会不可避免地沾上花粉；而当它们飞向下一个花朵时，就完成了授粉。

自地球中生代以来，昆虫和植物之间复杂、互利的关系，同时促成了昆虫和显花植物两个物种的极大丰富。

植物使出浑身解数来吸引昆虫：开出奇异的花朵，其颜色高度适应昆虫的视力；它们散发香味，制造养分丰富的花粉和浆液。花朵的造型经常最大限度地适应了授粉昆虫：植物中唇形科和蝴蝶科的许多花朵，都是精心打造以适应膜翅科的昆虫，方便其降落。从降落的地方，昆虫可以爬进茎秆，而茎秆的底部正是产生浆液的地方。而且，这些花朵还有特殊的机制，可以将雄蕊折叠，以便昆虫的身体能沾上花粉。

夜天蛾悬停在花朵上方时，会伸出自己长长的吸喙。与此相适应，金银花和蝴蝶花的茎秆也是长长的，边缘狭窄。有时候，这些茎秆的长度不长不短，正好适应昆虫吸喙的长度。入口处布满花粉，而浆液则在茎秆的最底端，这样夜天蛾去吸吮浆液的路途中就会不可避免地将花粉沾到身上。

我们稍稍思考下就会发现，这个体系需要多么精细而均衡：植物提供的营养物必须不多也不少。营养物过少，就不会对昆虫产生吸引力，昆虫就不会来；而提供的营养物太多，又会减少昆虫飞向下一个花朵进行授粉的动力。

在这一点上，昆虫对授粉的成功做出了重要贡献：它们在花朵间穿梭飞行，却又保证在每一个同种的花朵上停留一段时间，这一段时间保证了植物授粉的成功。人们对昆虫的这一行为还没能完全了解。我们推测，从昆虫的角度看，一方面，如果这一朵花提供了足够的养分，那么下一朵也不会差到哪里。另一方面，可以肯定，昆虫这种行为的背后还有着更为复杂的原因与关联。毕竟植物间也存在着竞争，它们也会出于利己的原因而吸引昆虫背叛自己的对手。

类似我们在这里谈到的昆虫和植物之间的关系，生物学上将两种密切接触的不同生物之间形成的互利关系称为共生。我们此前已经谈到的关于蘑菇和细菌的例子，其中细菌帮助昆虫进行消化，这就是一个共生的例子。两种生物间的共生，不是出于帮助对方的意愿，而是双方在彼此竞争中均能获益。据此我们就能理解，这种关系也存在出轨的可能性，发展成仅对一方有利。即使在成熟如传承百万年的昆虫和花朵之间的授粉上，我们也能观察到这样的现象。

例如，熊蜂（Bombus）吸喙短小，无法触及某些花朵茎秆底部的浆液。它们就在茎秆侧面咬出一个洞，进入其中吸吮浆液。在这里，熊蜂骗过了花朵，没有完成授粉，因为它们压根就没有和花粉进行过接触。而蜂兰属兰科的花朵则会用小把戏吸引某些野蜂为其授粉，却不提供任何美味的食物：它们的花朵形状拟态了雌性野蜂，甚至释放出雌性野蜂的气味。雄性野蜂会因此降落在花朵上，满脑子想的是和雌蜂交配，得到的却是对它们毫无用处的花粉。

角色分工——大男子主义行不通

如果我们能接受如下的论述作为一个公理，那么动物界的很多现象就变得容易理解：每个生物个体都试图最大限度地将自己的遗传基因传给尽可能多的后代。

不过，雌性和雄性在繁衍生殖上所耗费精力的巨大不同，会让上述理论的应用变得复杂起来。雄性在繁殖方面消耗的精力物力要远远小于它的雌性同类。制造精子要容易得多，再加上如果它们在交配之后一走了之，雄性的付出要远远小于雌性所做出的巨大努力：不仅富含营养的卵子的制造需要付出大得多的努力，而且，雌性很可能还要负责孵卵，以及孵卵期间的各种事务。

如果雄性也像它的雌性同类那样勤勉努力的话，它们可以创造的后代数量会多得多。说得夸张些，极端情况下，一个雄性个体也许就能满足整个种群中雌性交配的需求。正因如此，总是有几个雄性同时讨好一个雌性，而雄性也因此必须格外努力，才能获得交配的机会。相反，稀缺的雌性昆虫可以对雄性们挑三拣四。

为了赢得更多的雌性伙伴，雄性昆虫的确是费尽了心机与体力。这首先要从寻找雌性开始：夜蝴蝶需要长距离追寻雌性发出的气息；萤火虫则要根据光信号寻找它们端坐一隅的雌性伴侣，因为雌性萤火虫是不会飞的；而日蝴蝶则要依照花纹来寻找雌性。

当它们费力地找到了雌性后，总是会发现，已经有自己的雄性同类抢先了一步。按照我们一开始提到的基本原理——每个生物个体都希望将自己的遗传基因传给后代——这样的相遇就意味着战斗。实际上，很多动物种群中都存在着这种争斗。这种争斗可以是粗野的身体格斗，比如鹿角甲虫（见图32），两个雄性会试图通过自己巨大的下颚将对方从树上掀翻；也可以是优雅、充满格调的对决，像天牛（Cerambyx Cerdo）那样，两个雄性相对鸣叫，直到一方服输放弃为止。

有时，雌性还不见踪影，消灭雄性对手的战斗就已经打响。例如，黄斑蜂会在一块固定的领域内等待雌虫的出现。这块地域可不是几平方米大的一块小地盘。黄斑蜂的眼光放得很

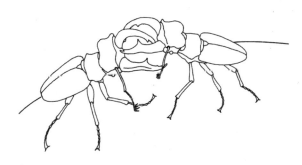

图32 两只鹿角甲虫在搏斗中

远：它捍卫的是雌虫将要停留的植物。这样，当雌蜂巡飞到这里时，就会只有一个雄虫在此恭候。

不要忘记，雌性可以从求偶的雄性中选择自己的伙伴。显而易见的，很多种类昆虫的雄性，都会将自己展现为最好的候选者。其中，翅膀上的颜色花型，以及雄性展翅飞起时的情状，是雌性眼中重要的判断依据。这方面典型的例子是白日蝴蝶和醋蝇（Tephritidae）。

很可能一些其他的因素在求偶中也起着重要的作用。人们对果蝇（Drosophila melanogaster，见图33）进行了研究。它们总是成群地聚集在发酵的水果上。当某地秋天收获葡萄时，大量的果蝇也会纷至沓来。雄性果蝇会围绕着雌性跳舞，而且总是将自己的翅膀以一种特殊的方式叉开。其实，求偶中起决定作用的信号恰好来自叉开的翅膀发出的振动，以及它引起的

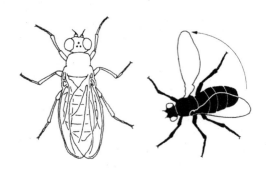

图33　果蝇交尾的双方，黑色为雄性

气流，将雄虫的特殊气味通过扇动传递给雌虫。

　　蝗虫、蟋蟀以及知了的雄虫能发出鸣叫。许多昆虫的这种"歌唱"有着两重含义：一方面是吸引雌性；另一方面，在歌唱中会经常有很小音量的"唱段"（这才是真正的求偶之歌）。雄虫正是通过这些小唱段来确定和雌虫的交配意向。

　　昆虫有一个让人感到奇怪的现象：雄虫会经常努力地去试图毁掉其他雄性同类的精子。这里，我们有必要补充一下雌性昆虫解剖学方面的知识：交配后，进入雌性身体的精子被保存在一个有着盲端的受精囊里。为了使从入口处经过的卵子受孕，精子必须返回到出口处。这样，最晚进入的精子就占据了一个优势，因为它们最靠近出口。

　　因此，有些昆虫，如葬甲虫（Silphidae）雄虫，会频繁进行交配（从而稀释了其他雄虫的精子含量），而且会在交配后监视雌虫，直到它们产卵，从而保证自己是雌虫的最后一个交配对象。有些雄虫则会在交配时，输入一大团精子，将其他雄虫的精子推到受精囊最后面的位置。

　　蜻蜓目昆虫在这方面又一次特立独行。蜻蜓目中，有许多种类的雄虫有阴茎，像一根有很多毛的刷子。交配时，它们会用这根"刷子"先是将其他雄虫的精子扫出去，然后才排入自己的精子。蜻蜓交配时的方式更为我们所熟知。当雄虫用尾铗夹住雌虫的颈部，两虫像骑双人自行车一样飞行时，雄虫会特意兜几个圆圈，通过离心力将雌虫生殖道内过往交尾时留下的精子甩出去。

　　有些昆虫，如龙虱科的雄虫会在交配后用血凝块堵住雌虫的受精囊。这个堵塞要几个小时后才会被打开。

雌性：选择的烦恼

　　雄性总是企图和尽可能多的雌性交配，以超越自己的雄性同类。而和多个雄性交配，从雌性的角度看，似乎并不是一件划算的事情：它的卵子并不多，而这为数不多的卵子会被某一个雄性的精子全部授精。不过，我们可以预期，雌性会尽力选择那个遗传基因最优秀的雄性，这符合进化的原则。它的后代只有在获得最佳基因的情况下，才能保证自己能够继续大量繁殖。

　　可谁是那个基因优秀的雄虫呢？我们目前还只是了解少数几种昆虫雌性挑选雄性的条件。

　　人们了解到，直翅目部分昆虫的雌性，它们在挑选交配伙伴时，会关注雄性的"歌唱"能力。那些能长久、嘹亮，并且少间歇的雄性"歌唱家"，往往会被雌性选中。舞虻科（见图34）的雄性昆虫则会在求偶时送上一只自己捕获的猎物。研究表明，雌虫会明显青睐那个送上较大"彩礼"的家伙。

　　部分蝎蛉科（Panorpidae）雄性会向雌性奉上一颗小球供雌性吸吮，小球里面是自己唾液腺的分泌物，富含蛋白质。雌性会在交配时吸吮这个礼物，这个礼物质量的好坏也决定了交

图 34　舞虻科昆虫在交配中。雌虫（中间者）正在吸吮雄虫
奉献的一只苍蝇，上方黑色为雄性。

配时间的长短：如果雌性发现其不可口，会终止交配，那样的
话，雄性就只能留下少数精子后不得不离开。

　　可见，雌性选择雄性伙伴的标准形形色色，不一而同。部
分情况下，我们能马上理解某些选择标准的生物学依据。比
如，微弱或者断续的鸣叫表明雄虫的发声器官已经磨损，很可
能是一个年老体衰的家伙。而奉上一个比较大的猎物，会表明
雄虫的孔武有力。

　　至于一个唾液腺分泌物做成的小球，是否能够表明雄虫基
因的优秀，从而作为雌虫的选择标准，人们对此知之甚少，我
们对很多其他的选择标准也是了解不多。也许我们能试着这样

解释：一个雄虫，尽管面临生活的烦恼与压力，却仍能够费心费力做出这么一件"奢侈品"的话，说明它的身体情况应该相当不错吧。

角色交换

　　如上面所介绍的，雄虫为传宗接代煞费苦心。准备"彩礼"，为雌虫搭建产卵的场所，这都需要付出不少的精力体力。为雌性引吭高歌也会给自己带来巨大的风险：一个正在歌唱的雄虫同时也将自己暴露在天敌的眼前。我们能很容易地理解，雄虫为交配所做的努力甚至要超过雌虫。那么，按照同样的逻辑，它们之间的关系也应该有逆转的可能：雌性争取雄性的青睐，而雄性处于选择的主动方。

　　的的确确，我们发现，在一些昆虫种类中存在着这种现象，例如一些螽斯科、舞虻科、齿小蠹科的昆虫。当然，它们的雄虫也是竭尽全力：它们会精心准备礼物（有些螽斯科昆虫的精子团与分泌物结合而成，对于雌性而言，是一个富含营养的珍贵礼物，见图35）；或者，它们不顾个人安危引吭高歌（有些螽斯科昆虫同时做上述两件工作）；齿小蠹科昆虫则会为雌性准备产卵的地方。上述昆虫，均是雌性主动上门寻访雄性。不过，有时它们也不得不接受一个现实，发现自己并非那么受欢迎。

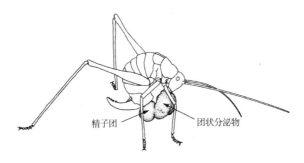

精子团　　　　团状分泌物

图35　刚刚交尾后的螽斯雌虫在进食团状分泌物的同时，精子团进入其身体内部的性器官。

抚养下一代

　　昆虫对下一代的养育情况，和人类十分相似：雌性无论在时间还是精力上的投入都远远大于雄性。雌性的首要任务是找到一个适合幼虫孵化的地方。

　　孵化场所的选择，很多时候看起来很简单，轻松地就找到了：对于植食性昆虫，雌虫将卵产到适合幼虫咬食的植物上。当然，也有例外，雌性金龟子准备产卵时，会挖地六十厘米之深，以便将来自己的宝宝能吃到喜欢的植物根茎。

　　而对于以其他动物身体为食的昆虫幼虫，它们的妈妈为其所做的准备工作就要困难得多。以姬蜂科（Ichneumonidae）为例，它们是膜翅类下面的一个大家族，其幼虫需要进食某些特定种类的昆虫幼虫。因此，雌虫需要将卵产在这些昆虫幼虫的旁边，有时甚至是它们的体内。有的昆虫幼虫（宿主）会进行反抗，这就让雌虫的任务变得尤其困难（如小蜂科昆虫，见图6右图）。

即使有的宿主束手就擒不做反抗，有些昆虫雌虫付出的努力也让人叹服。雌性姬蜂以树蜂幼虫为食。树蜂幼虫会一点点咬通树干，在大树深处安家。尽管如此，姬蜂雌虫还是会找到它们，很可能是通过它们啮噬时候的声音。找到后，姬蜂雌虫会花上半个小时的时间，将自己的输卵管钻入树干深处，以便将卵产到树蜂幼虫身边（见图36）。

图36　雌性姬蜂用产卵管钻入针叶树中

　　挖土蜂（Sphecidae，见图37）和蛛蜂（Pompilidae）的雌虫也十分了不起：它们首先会挖出一个长长的，通常是在地面以下的通道（欧洲狼蜂挖的通道可以长达一米！）在通道终点两侧造出两个育雏室。然后，它们会征服一个昆虫（通常是某个特定的品种）或者一只蜘蛛，然后刺入毒液将其麻醉，并将其活着带回给自己的幼虫。这个猎物虽然还活着，但是已不能伤害幼虫，只是作为幼虫的食物。蛛蜂是将捕获的蜘蛛从地面上拖回去，而挖土蜂，只要有可能，会将它们的猎物空运回巢。比如，能降服蜜蜂的欧洲狼蜂有时能运送和自己同样大小的猎物！

　　上面谈到的昆虫，我们称之为拟寄生物：姬蜂、挖土蜂和蛛蜂的幼虫一点点吃掉宿主。可以说，这些拟寄生物考虑得十

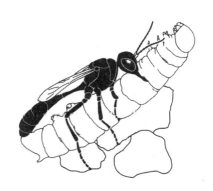

图37　一只挖土蜂拖着一只被麻醉的毛毛虫，将其运回
巢穴作为自己幼虫的食物。

分周全，它们先是吃掉不太重要的组织，如脂肪。宿主一直维持到拟寄生物蛹化才死去（与寄生物发起攻击不同）。最终，从蝴蝶毛毛虫中爬出了一只姬蜂。更让人惊奇的是一只姬蜂从蝴蝶蛹中脱颖而出。

稍稍离题一下：很可能每一种昆虫都有一个针对它们的拟寄生物。依此，对遭遇虫害的森林可以通过一个简单的生物措施进行施救，除掉害虫。那就是及时地找到针对害虫的拟寄生物，并将它们放入森林中。这个方法的问题也在这里：人们只在少数几个成功的案例中（主要是赤眼蜂），能及时地培育出足够数量的拟寄生物。

我们回到原来的话题，关于雌性昆虫为它们的卵所做的准备工作。很多野蜂会为此做大量的劳动，如地花蜂、沟蜜蜂、切叶蜂等。它们会把幼虫的窝，根据野蜂种类的不同，建在不同的地方——地下或者墙缝中、砂土墙上，以及中空的植物茎秆中。而石蜂会将育雏间粘在石头上，再用坚硬的、由自己的分泌物和砂石混合而成的物质将其围起来。每个育雏间会由几个小单元组成，每个单元中有一个卵，花粉和植物浆液。一旦建成，雌虫就会把它们完全封闭起来。隐身此处的昆虫幼虫只能以此为生，因为雌虫一旦将育雏间封闭后，大部分情况下，雌虫会撒手不管，不再为之做任何事情。

封闭育雏间之前，野蜂雌虫需要做大量的工作以准备食物。人们仔细观察后发现，开花植物上的野蜂数量总是多于蜜蜂，而野蜂中个头最大的才能达到蜜蜂的体量。根据种类的不同，其收集花粉的身体部位也各不相同：有些将全身沾满花粉，而墙蜂只是在腹部，裤子蜂则是在其后腿上。

　　此外，年初的时候，有些野蜂远远早于蜜蜂就开始忙碌起来。有些很早就能开花结果的植物，其功劳更要归于野蜂而不是蜜蜂。人们能很容易地观察到某些野蜂（见图38），如红壁蜂，是如何准备育雏小窝的：它们将育雏间建在任何可能有空腔的地方。所以，您可以试着在家中的阳台上放上几根竹竿，哪怕您身居闹市，不久您就可以观察红壁蜂是如何筑窝的啦。而且，您这样做，红壁蜂也会感到高兴的。

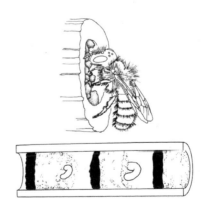

图38　上图：一只红壁蜂正在封闭它为幼虫在竹竿中搭建的小巢穴。下图：小巢穴中被黏土（图中黑色）隔成了一个个小单元，每个单元中都准备好了幼虫的食物（主要是松软的花粉）。

第十章 ——— 昆虫王国：博爱比争斗
带来更多益处？

蜜蜂王国中的社会分工

　　抚养后代的工作无疑促成了昆虫以建立国家的形式来应对。最为人所熟知的莫过于蜜蜂王国。人类驯化蜜蜂的历史已经有五千年，在此期间，人类也一直在观察着蜜蜂的社会性特征。社会性，直白地讲，并不是指动物们简单地在一起共同生活，而是指其间发生的互助行为。蜜蜂的确十分依赖群体生活，离开群体，它们甚至无法生存下去。

　　每个蜂农都知道，一个蜜蜂王国中会有一个蜂王，它是雌性的，生殖器官发育完备，能进行交配并产卵，产卵数量常常能多至每天两千个。王国中其他的蜜蜂（可以达到五万个之多）中，大部分是雌性蜜蜂，只不过体量上要比蜂王小得多，而且生殖器官已经萎缩退化。它们的生命周期只有短短的几个月，在这段时间内它们必须按照严格的工作任务安排进行劳作。它们被称为工蜂，这个名称多少夹杂着人们对其奴隶般生活不屑的情感。最初的几天，它们要对巢进行清洁，随后用某种腺体的分泌物来喂食幼虫（这种物质只在这个阶段能从腺体分泌出来）。大概从它们生命的第十三天开始，它们开始整修蜂房。整修好蜂房，它们要守卫它，这个工作可以称为内勤工作。最后一项工作，就是外出收集花粉和浆液，也就是外勤的工作。

看上去像一个母系社会？不完全是。每年五月到七月间，雄性蜜蜂会飞出去，和一个雌蜜蜂，即蜂王，进行交配。交配会在比较有特点的地方进行。届时不同蜂群的雄蜂和其蜂王会来到这里，从而降低了近亲交配的可能性。此时年轻的蜂王们加冕不久，每一位都刚刚有过不凡的经历：和其他若干个雌性姐妹一样，它们发育成熟，有了成熟的生殖器官，并且在和同巢姐妹的生死之战中凯旋，脱颖而出。这场"婚礼"后，它们返回蜂巢，正式就任蜂王。

那么老蜂王呢？它和一大批工蜂不久之前就离开了蜂巢，不过并没有走远。它们一群叠在一起，像一束葡萄一样悬挂在附近的植物枝杈上，等待负责侦察的蜜蜂为它们找到一个有空腔的新家。蜂农会利用这个机会，将它们放到自己的一个蜂箱内。它们将在蜂箱中继续生活，而蜂农呢，则又多了一个蜜蜂家族。

共同哺育下一代

由昆虫组成的社会中，蜜蜂王国是最为复杂的。它们有着最精巧细腻的通信和温度调节机制：温度低了，蜜蜂会通过振动翅膀提高温度；当温度高了，则通过在蜂巢中洒水来降温；

当然，还有我们所熟知的蜜蜂跳舞：通过圆圈舞和摇摆舞，蜜蜂能相互通知食物在附近的位置。尤其引人注目的是，昆虫王国里总是几世同堂（工蜂是蜂王的女儿），共同生活在一个蜂巢内。

蜜蜂和部分的白蚁、蚂蚁一样，它们的王国能持续数年。而其他的昆虫社会则会在一个植物周期后终止。只有完成交配的雌虫能够越冬，并在来年春天建立起自己新的王国。如果您了解了这些，当您看到躲藏在卷帘窗箱子内的胡蜂和黄蜂时，也许不会再那么害怕了。

这里顺便提一下胡蜂。我们吃点心的时候，它们总是在上面飞来飞去。它们之间也会分享食物位置的信息。不过我们还不清楚，它们是如何做到的。对它的近亲马蜂（见图39），人们了解得要更多一些。它们建造的蜂巢都不大，如巴掌大小，悬挂在树枝上。由于它们的蜂巢没有外盖，我们可以很容易地观察它们。它们通常是在早春时节，由一只过冬的、交配过的雌性马蜂所创立。经常会有其他的雌性马蜂加入其中，它们大多是首只雌蜂的姐妹，同样刚刚过冬，并且已经交配过。不过，短时间后，蜂群中就建立起等级：只有一只雌蜂可以产卵，其他的雌蜂，以及后来孵化出来的工蜂，则负责守卫、建筑蜂巢、寻找食物。

有些种类的沟蜜蜂（见图40）有着类似的组织结构，能产卵的雌蜂和工蜂，即雌蜂的女儿，共同生活在一个蜂巢中。可

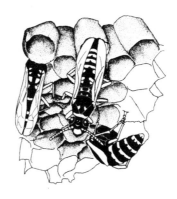

图39　从下向上观察一个法国马蜂的蜂房。中间为蜂王，正在产卵；其他两只马蜂正在喂食（或者清扫蜂房），举止像两位用人。

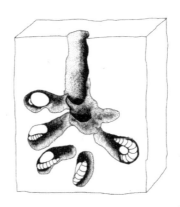

图40　沟蜜蜂蜂巢的剖面。每个孵化室内都有一个幼虫，以及一个用花蜜成团的花粉营养球，左侧上部展示了一个卵子。从左侧开始，逆时针方向，所见的孵化室从新到老依序排列。

是，沟蜜蜂中也有例外，其蜂巢中只有同一代的蜜蜂，它们之间分工协作，完成产卵和抚育后代的任务。

如果我们将有着社会形式的昆虫，按照其复杂程度由简到繁排列，也许会有助于我们理解蜜蜂高度复杂的王国社会。

开始时是最简单的形式，也许只是一些昆虫偶然聚集在一个巢中。随后，其中某些种类做到了共用同一巢穴，不过互相之间没有任何互助关系与行为。这种形式，我们称之为社区型。是否发展到下一步，即简单社会形态，取决于这些昆虫是否在抚育后代上开始互相协助（准社会性）。

在这种社会形式下，雌性的角色发展成两种形态：一个形态是，所有雌虫均可以产卵；另一个形态则是，只有一个雌虫可以产卵，其他的则放弃产卵，专司其他任务，如防卫、喂食和搜集食物（此种被称为半社会性）。从实际效果来看，后者的分工的确为其物种的生存带来了好处——能够产卵的雌性专司后代的繁衍，并因此在巢中受到其他昆虫的保护。可是，这个优势隐藏了一个巨大的问题，让人难以理解：这意味着，其他昆虫不得不放弃自己繁衍后代的机会（参见下一节）。

可能由于寿命的延长，不同世代的昆虫最终生活在了一起（我们称之为真社会性）。除了蜜蜂，人们还在其他昆虫中发现了真社会性的社会形态，其数量不少于两万种。令人惊奇的是，它们只存在于昆虫的蜚蠊目和膜翅目中！其中，蜚蠊目的所有昆虫都生活在真社会性的王国中，而膜翅目中只是几个有亲属关系的种类如此：蜜蜂和它的近亲熊蜂、胡蜂，以及所有的蚂蚁和部分的隧蜂科。很可能，在膜翅目中存在着不少于十一个互相独立发展的真社会性社会形态。

助人——也许最终是利己

如上所述，现实世界中，的确有一些昆虫，它们的一些成员，如蜜蜂中的工蜂，放弃自己生儿育女，转而专门抚育自己某个姐妹（蜂王）的后代。这个现象对于研究生物进化的生物学家，是一个难以理解的问题。您还记得我们在"生儿育女"一章中谈到的那个基本公理吗：每个生物个体都试图最大限度地将自己的遗传基因传给尽可能多的后代？

至少在对于膜翅目昆虫的研究中，可能发现了能解释这种现象的原因，使得我们不必推翻上述公理。是这样的：我们可以测算出，在膜翅目中工蜂身上携带的基因，其工蜂间（它们是姐妹关系）的基因相似性，要远远大于工蜂和它们可能生产的后代所携带的基因的相似性。这听起来让人难以置信。不过，膜翅类遗传物质（见图41）的特殊结构决定了这是完全可能的。如果谁对数学推算感兴趣的话，请接着看下面的四个段落。

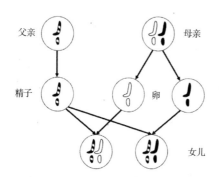

图41　膜翅类昆虫的染色体关系图

　　如动物中普遍存在的一样，膜翅类雌性昆虫有一个二倍体染色体（其中一个染色体上的基因和另一个染色体上携带的基因不同）。卵细胞形成时，这个染色体一分为二，这样每个卵子都携带一个染色体。这样，因为携带染色体的不同，卵子实际上形成了两种，数量上各占百分之五十。

　　膜翅目雄虫的特别之处在于，它们是由未受精的卵子发育而成，因而只有一个单倍体染色体。每一个雄虫产生的精子基因完全相同。

　　希望孕育雌性的话，蜂王会允许存储在受精囊中的一个精子对卵子授精。这样产生的两个受精卵所携带的基因相似的概率，我们计算如下：因为所有的精子完全相同（如果精子完全来自同一只雄虫的话），那么两只受精卵中的基因肯定有百分之五十是相同的，另外的百分之五十的基因，则来自雌性——根据前面讲到的内容，要么来自携带了二倍体染色体的其中一个，要么来自另一个，其概率完全相等。这样，所有受精卵（它们随后都孕育成为雌性的女儿）的基因相同的概率是百分之五十的一半，即百分之二十五。我们的结论是：它们姐妹之间的基因相同的部分达到百分之七十五。

如果我们同样计算下母亲和女儿基因相同的概率，会发现其只有百分之五十：因为基因中的一半来自母亲，另一半则来自父亲。

通过这样的推算，我们会发现，绝大多数雌性（仅限于膜翅类）的放弃生育，转而抚育自己姐妹的后代，这恰恰有利于其延续自己的基因！

当然，我们没指望膜翅类昆虫精通概率计算。不过上述的数学推演至少说明了一点：在浩渺的远古时代的某个时刻，某些昆虫很偶然地开始在抚育后代上互帮互助，并将其注入基因，代代相传延续下来。这可能是基因传递的特性，如我们上面描述的膜翅类昆虫的染色体特点，促成了这个现象的发生。这也许能更清楚地解释，为什么社会性恰恰在膜翅类昆虫中能如此发扬光大。

参考文献

昆 虫								134

Bellmann, H. (1993): Libellen beobachten, bestimmen. Naturbuch-Verlag, Augsburg

Bellmann, H. (1993): Heuschrecken beobachten, bestimmen. Naturbuch-Verlag, Augsburg

Bellmann, H. (1995): Bienen, Wespen, Ameisen. Franckh-Kosmos Verlag, Stuttgart

Bellmann, H. (1999): Der neue Kosmos-Insektenführer. Franckh-Kosmos Verlag, Stuttgart

Brauns, A. (1991): Taschenbuch der Waldinsekten. Gustav Fischer Verlag, Stuttgart

Dettner, K., Peters, W. (Hrsg.) (1999): Lehrbuch der Entomologie. Gustav Fischer Verlag, Stuttgart

Dickinson, M. (2001): Die Kunst des Insektenflugs. Spektrum der Wissenschaft, Heft 9, S. 58–65

Gewecke, M. (Hrsg.) (1995): Physiologie der Insekten. Gustav Fischer Verlag, Stuttgart

Grzimeks Tierleben. Enzyklopädie des Tierreichs (2000): Bd. 2: Insekten. Bechtermünz Verlag, Augsburg

Haupt, H., Haupt, J. (1998): Fliegen und Mücken. Beobachtung, Lebensweise. Naturbuch-Verlag, Augsburg

Honomichl, K., (1998): Biologie und Ökologie der Insekten. 3. Auflage. Begründet von W. Jacobs und M. Renner. Gustav Fischer Verlag, Stuttgart

Honomichl, K., Bellmann, H. (1996): Biologie und Ökologie der Insekten. CD-ROM. Gustav Fischer Verlag, Stuttgart

Kaestner, A. (1973): Lehrbuch der Speziellen Zoologie. Bd. I, 3. Teil: Insecta. 2 Bände. Gustav Fischer Verlag, Stuttgart

Klausnitzer, B. (Hrsg.) (2000): Exkursionsfauna von Deutschland. Begründet von E. Stresemann. Bd. 2: Insekten. Spektrum Akademischer Verlag, Heidelberg

Novak, I., Severa, F. (1991): Der Kosmos-Schmetterlingsführer. Franckh-Kosmos Verlag, Stuttgart

O'Toole, C. (1996): Alien Empire. Das Reich der Insekten. Knesebeck, München.

Urania Tierreich Insekten (1994). Urania-Verlag Leipzig, Jena, Berlin

Wachmann, E., Platen, R., Barndt, D. (1995): Laufkäfer: Beobachtung, Lebensweise. Naturbuch-Verlag, Augsburg

Weber, H. (1969): Die Elefantenlaus Haematomyzus elefantis Piaget 1869. Zoologica, Heft 116

Weber, H., Weidner, H. (1974): Grundriss der Insektenkunde. Gustav Fischer Verlag, Stuttgart

Weidemann, H. J. (1995): Tagfalter beobachten, bestimmen. Naturbuch-Verlag, Augsburg

Weidemann, H. J., Köhler, J. (1996): Nachtfalter. Spinner und Schwärmer. Naturbuch-Verlag, Augsburg

Westrich, P. (1989): Die Wildbienen Baden-Württembergs. 2 Bde. Verlag Eugen Ulmer, Stuttgart

Wigglesworth, V. B. (1971): Das Leben der Insekten. Editions Rencontre, Lausanne

Zahradnik, J. (1990): Bienen, Wespen, Ameisen. Die Hautflügler Mitteleuropas. Franckh-Kosmos Verlag, Stuttgart

Zahradnik, J. (2002): Der Kosmos-Insektenführer. Franckh-Kosmos Verlag, Stuttgart